深紫外 228nm 固体激光器技术

Deep Ultraviolet 228nm Solid Laser Technology

赵志斌 著

国防工业出版社

·北京·

内 容 简 介

本书较系统地阐述了激光二极管(LD)泵浦深紫外固体激光器的基本理论与技术,着重介绍了深紫外 228nm 固体激光器的设计方法与调试。全书的主要内容包括 LD 泵浦深紫外固体激光器的基本技术,$Nd:YVO_4$ 914nm 激光器理论及其热效应分析,声光调 Q 技术与 V 形谐振腔设计,非线性倍频理论与倍频晶体设计,深紫外 228nm 固体激光器实验等。

本书可供从事固体激光器与非线性光学频率变换研究工作的科研人员、技术人员阅读参考。

图书在版编目(CIP)数据

深紫外 228nm 固体激光器技术/赵志斌著. —北京:国防工业出版社,2024.7. —ISBN 978-7-118-13312-7

Ⅰ.TN248.1

中国国家版本馆 CIP 数据核字第 2024EE5491 号

※

国防工业出版社出版发行

(北京市海淀区紫竹院南路 23 号　邮政编码 100048)
北京凌奇印刷有限责任公司印刷
新华书店经售

*

开本 880×1230　1/32　插页 4　印张 5⅛　字数 155 千字
2024 年 7 月第 1 版第 1 次印刷　印数 1—1000 册　定价 89.00 元

(本书如有印装错误,我社负责调换)

国防书店:(010)88540777　　书店传真:(010)88540776
发行业务:(010)88540717　　发行传真:(010)88540762

前 言

228nm 波段激光在紫外共振拉曼光谱技术检测生物分子、炸药、抗癌药物紫杉醇和重金属环境污染,以及制造波导布拉格光栅器件等方面具有非常重要的应用前景。此外,200~230nm 是深紫外光的安全波段,该波段可以灭活细菌、空气中的流感病毒及新冠病毒(SARS-CoV-2)等病原体而几乎不损害人体细胞。因此,在持续的 SARS-CoV-2 大流行下,开展该波段光源的研制及其抗菌、抗病毒特性研究也具有重要的意义。激光二极管(LD)泵浦的全固态紫外激光器具有效率高、光束质量好、性能可靠和结构简单、紧凑等实用化的优点,已经成为激光技术领域的一个研究热点。本书围绕高效率、结构紧凑的 $Nd:YVO_4$ 四倍频产生深紫外 228nm 固态激光器进行了理论和实验研究。该书的主要内容包括以下几部分。

(1)对几种不同类型增益介质(棒状、薄片、板条和光纤)的深紫外固体激光器研究概况进行了全面的总结,分析了不同激光晶体、谐振腔、调 Q 方式和非线性倍频晶体的特性,提出了采用 LD 端面泵浦 $Nd:YVO_4$ 和声光调 Q 方式实现 914nm 激光脉冲运转、V 形激光谐振腔和 LBO 倍频晶体对其进行腔内二倍频获得 457nm 激光输出,再利用 BBO 晶体和透镜聚焦方式对 457nm 蓝光进行腔外倍频,获得 228nm 深紫外激光输出的技术路线。

(2)从准三能级稳态运转速率方程组出发,分析了再吸收效应与 914nm 激光阈值功率和斜效率的关系、$Nd:YVO_4$ 晶体长度与 914nm 连续激光阈值和输出功率的关系。从热传导理论方程出发,建立了 LD 端面泵浦 914nm $Nd:YVO_4$ 激光器模型,分析了影响增益介质内部热透镜效应的各种因素,并采用平面平行谐振腔法实验测量其热焦距,为激光器参数设计提供理论依据。

(3)从速率方程组出发,建立声光调 Q 理论模型,分析了影响输出激光脉宽的因素、声光调 Q 914nm Nd:YVO$_4$ 激光器的脉宽和单脉冲能量与泵浦功率和重复频率的关系。提出利用热透镜效应对光束质量的自洽控制技术,结合光线传输矩阵理论和谐振腔稳定条件设计谐振腔参数,克服了 Nd:YVO$_4$ 准三能级系统热透镜效应较严重的问题。

(4)从麦克斯韦方程组出发,再通过洛伦兹模型、折射率方程和电磁波与物质材料的相互作用,比较系统地研究了非线性光学效应理论,阐明了二阶非线性光学产生机理以及Ⅰ类和Ⅱ类倍频晶体的相位匹配条件。结合色散方程和有效非线性系数表达式,理论计算得到了 LBO/BBO 倍频晶体的相位匹配角和有效非线性系数。

(5)基于上述对激光器的理论分析和参数设计基础,开展了 228nm 激光输出功率和光束质量的优化实验研究。最终在 41W 连续输出的 808nm 半导体激光泵浦下,获得功率为 6mW 的连续 228nm 激光,输出光斑形状呈椭圆形,2h 内激光稳定度为 2.2%。结合声光调 Q 技术,当重复频率设置为 10kHz 时,得到平均功率输出为 35mW、脉宽为 36ns 的 228nm 脉冲激光,输出光斑形状呈椭圆形,2h 内激光稳定度为 2%。另外,开展了 228nm 脉冲激光灭活大肠杆菌和芽孢杆菌实验,具有良好的效果。

本书的出版得到了海南师范大学学术著作出版项目资助。

在本书撰写过程中,曲轶研究员、陈浩工程师及研究生程成、李权给予了很大的帮助;同时,作者在研究过程中吸取了相关文献的一些重要思想,在此向文献作者一并表示感谢。

期望本书的出版对致力于深紫外全固态激光器技术研究和应用的科研人员和工程技术人员有所帮助。但鉴于作者水平有限,书中不当之处在所难免,恳请广大读者批评指正。

作者

2024 年 1 月

目 录

第1章 绪论 ································· 1
1.1 固体激光器研究的目的和意义 ················· 1
1.2 LD泵浦固体激光器发展历程 ··················· 3
1.3 LD泵浦深紫外固体激光器研究进展 ··············· 6
1.4 228nm激光器技术路线选取 ··················· 11
1.4.1 激光晶体 ···························· 11
1.4.2 泵浦方式 ···························· 18
1.4.3 激光谐振腔 ·························· 19
1.4.4 调Q方式 ···························· 20
1.4.5 非线性倍频晶体 ······················ 26
1.5 本书的主要内容 ··························· 33
参考文献 ···································· 34

第2章 Nd:YVO$_4$ 914nm激光器理论及其热效应分析 ··············· 43
2.1 Nd:YVO$_4$ 准三能级系统再吸收效应分析 ········· 43
2.1.1 Nd:YVO$_4$ 914nm准三能级速率方程 ········ 43
2.1.2 再吸收效应与阈值功率 ················· 48
2.1.3 再吸收效应与斜效率 ··················· 50
2.1.4 Nd:YVO$_4$ 晶体参数设计 ··············· 52
2.2 Nd:YVO$_4$ 晶体热透镜效应 ··················· 53

V

  2.2.1 Nd:YVO$_4$晶体性能 ………………………………… 53
  2.2.2 LD泵浦源光场分布特性 ………………………… 54
  2.2.3 激光晶体内部的温度场分布 …………………… 60
  2.2.4 Nd:YVO$_4$晶体中热透镜焦距理论计算
     与实验测量 …………………………………… 64
 2.3 小结 ……………………………………………………… 71
 参考文献 ………………………………………………………… 72

第3章 声光调Q技术与V形谐振腔设计 ………………………… 74

 3.1 声光调Q技术 …………………………………………… 74
  3.1.1 声光调Q激光脉冲特性理论分析 ……………… 74
  3.1.2 声光调Q 914nm Nd:YVO$_4$激光输出性能仿真 … 77
 3.2 V形谐振腔参数设计 …………………………………… 80
  3.2.1 谐振腔设计的解析特性 ………………………… 80
  3.2.2 谐振腔的数值优化设计 ………………………… 85
 3.3 小结 ……………………………………………………… 88
 参考文献 ………………………………………………………… 89

第4章 非线性倍频理论与倍频晶体设计 ………………………… 90

 4.1 非线性倍频基础理论 …………………………………… 90
  4.1.1 麦克斯韦方程组 ………………………………… 90
  4.1.2 洛伦兹模型 ……………………………………… 93
  4.1.3 折射率模型方程 ………………………………… 94
  4.1.4 电磁波与物质材料之间的相互作用 …………… 98
  4.1.5 耦合波方程 ……………………………………… 104
 4.2 倍频晶体设计 …………………………………………… 108
  4.2.1 相位匹配方法 …………………………………… 108
  4.2.2 倍频晶体LBO/BBO特性 ……………………… 111
  4.2.3 用于产生457nm激光的LBO倍频晶体
     参数计算 ………………………………………… 113

    4.2.4 用于产生 228nm 激光的 BBO 倍频晶体

       参数计算 ·· 121

  4.3 小结 ·· 123

  参考文献 ·· 123

第 5 章　深紫外 228nm 固体激光器实验 ······················· 125

  5.1 228nm 固体激光器实验方案 ······························ 125

    5.1.1 激光器系统实验装置 ······························ 125

    5.1.2 激光参数测量方法 ································· 126

  5.2 228nm 固体激光器实验 ···································· 130

    5.2.1 457nm 连续激光输出 ····························· 130

    5.2.2 228nm 连续激光输出 ····························· 133

    5.2.3 457nm 脉冲激光输出 ····························· 135

    5.2.4 228nm 深紫外脉冲激光输出 ···················· 137

  5.3 228nm 脉冲激光灭活细菌实验 ··························· 139

    5.3.1 远紫外线灭活细菌的原理及应用优势 ········· 139

    5.3.2 228nm 脉冲激光灭活细菌实验 ················· 142

  5.4 小结 ·· 146

  参考文献 ·· 146

第 6 章　结论与展望 ·· 148

  6.1 本书的主要工作 ·· 148

  6.2 本书的创新点 ·· 150

  6.3 工作展望 ·· 150

图表索引 ·· 151

第1章 绪 论

1.1 固体激光器研究的目的和意义

目前,在紫外激光研究领域,266nm 全固态激光器实现商业化已经很多年了,并广泛应用在材料加工等方面,短波紫外激光是当前激光器发展的一个重要方向。对于本书介绍的深紫外 228nm 波段全固态激光器,其研究进展相对比较缓慢,但在国防建设和民用领域,该波段具有非常重要的应用。

1. 光子器件制作

虽然 266nm 紫外激光广泛用于材料加工,但是对于波导布拉格光栅等光子器件,其对 250nm 以下紫外波段具有较高吸收性[1-2]。因此,相比 266nm 波段,深紫外 228nm 激光在制备光子器件领域具有更重要的应用前景。

2. 紫外共振拉曼光谱技术

228nm 谱线是用于生物分子和炸药紫外共振拉曼光谱(UVRR)检测的重要深紫外光源。

228nm 谱线激发,可使胞嘧啶(DNA 成分)、氨基酸(蛋白质成分)和 NO_x(炸药成分)中分子的 π 电子系统能级发生跃迁,进而增加拉曼强度[3]。胞嘧啶在 DNA 甲基化中起着重要作用,这是一种调节基因表达的表观遗传机制,其失调可导致严重的疾病。2020 年,意大利 Francesco D'Amico 等[4]采用三文鱼精子和非商业的 B16 小鼠黑色素瘤细胞系作为样本源,采用 272nm、260nm、250nm 和 228nm 波段作为激发波长,对分离的脱氧核苷酸三磷酸(dNTP)、dNTP 混合物及基因组 DNA 样本进行了紫外共振拉曼测量。结果表明,在 DNA 碱基中,228nm 激发波长最适合增强胞嘧啶信号,在此激发波长下,对 Jurkat 白血病 t 细胞系的超甲基化和低甲基化 DNA 进行紫外拉曼测量,结果显示从鲑鱼精子和小鼠黑色素瘤 B16 细胞分离的 DNA 具有显著的光谱差异。美国 Judy E. Kim 等[5-6]采用蓝宝石激光四次谐波产生平均功率为 6 mW 的 228nm 激光作为 UVRR 光源,检测折叠和未折叠膜蛋白的色氨酸振动模式。六亚甲基三过氧化物二胺(HMTD)是一种以过氧化物为基础的炸药,很容易从家用化学品中制造出来。这种高能分子的检测具有挑战性,因为缺乏主要目标 NO_2 官能团特征的现代检测设备。美国 Brian S. Leigh 等[7]采用蓝宝石激光四次谐波产生功率为 mW 量级的 228nm 激光作为 UVRR 光源,表明了 HMTD 光降解产物的特征。

3. 杀菌消毒

在灭活细菌、病毒方面,与典型的 254nm 深紫外线相比,200~230nm 波段紫外线可以灭活细菌、空气中的流感病毒,包括 SARS-CoV-2 等病原体,而几乎不损害人体细胞[8-11]。在远紫外线(200~230nm)波段范围内,国际上通常采用准分子灯发射峰值波长为 222nm 的光,目前已有充分的研究证明其抗菌性能并初步投入使用。激光光源能实现远距离传输,在远距灭菌消毒领域可弥补准分子灯的不足。

此外,深紫外 228nm 激光在生物光子学成像、光信息存储、环境检测和光印刷等领域具有广泛的应用前景。

目前,可以获得紫外光的激光器有准分子激光器、气体高次谐波和四波混频技术产生的激光器、自由电子激光器和固体激光器。准分子激光器可实现高平均功率和高脉冲能量紫外激光输出,但由于横向气体放电运转方式,使其光束质量差、稳定性不好、可调谐范围很小;另外,由于其具有技术复杂、气体有毒和一次气寿命有限等缺点,因此实用比较困难。通过气体高次谐波和四波混频技术产生的深紫外激光器,可产生较短波段,但其输出效率很低、输出能量很小、光束质量较差,目前没有得到广泛使用。深紫外自由电子激光器是输出特性很好的新一代激光源,其优势在于可调输出波段范围宽和功率较大,但是体积大、成本高,且技术尚不够成熟[12]。目前,通常采用 Ti:sapphire 的 $0.9\mu m$ 激光谱线四倍频实现 228nm 波段激光输出[5,13-16],

平均输出功率约为 10mW[14],重复频率为 1kHz,主要用于拉曼光谱技术检测生物分子[1-5]和炸药[7]。但是,Ti:sapphire 激光器的泵浦源通常通过掺 Nd^{3+} 激光倍频获得,使激光器整体结构较复杂、体积较大、价格昂贵。

随着 LD 技术的成熟,将 LD 泵浦固体激光器与非线性光学频率变换技术相结合,可获得具有高效率、高光束质量、高重复频率、性能可靠和结构简单紧凑等优点的紫外全固态激光器,成为近年来激光研究领域最热门的课题之一。对于 LD 端面泵浦的掺 Nd^{3+} 增益介质激光器,其中所属四能级系统的 1.064 μm 谱线四倍频 266nm 紫外激光器已被广泛研究,且已经实现商业化很多年;但对其准三能级系统的 0.9μm 谱线四倍频获得更短波长的紫外激光器的研究却很少。在掺 Nd^{3+} 激光晶体中,Nd:YVO_4 晶体在 808nm 附近具有较宽吸收带,可将 LD 发射谱线范围内的抽运光完全吸收,特别适合用作全固态激光器的增益介质。此外,Nd:YVO_4 晶体与玻璃的硬度接近、不易潮解、加工镀膜容易。因此,本书拟开展 LD 端面泵浦 Nd:YVO_4 的准三能级系统 914nm 波段与非线性光学频率变换技术相结合获得深紫外 228nm 固体激光器的研究,不仅具有重要的理论意义,而且具有良好的社会与经济效益前景。

1.2 LD 泵浦固体激光器发展历程

1958 年,贝尔实验室的汤斯(C. Townes)和肖洛(A. Schawlow)发表了首篇关于激光器的经典论文[17],为激光技术的发展奠定了基础。1960 年,美国休斯公司的梅曼(T. Maiman)率先将激光器从理论构想变为现实,发明了世界上第一台红宝石激光器[18]。该激光器采用螺旋闪灯作为泵浦源,掺 Cr^{3+} 红宝石晶体作为工作物质,红宝石晶体的前后端面平行并镀银作为光学谐振腔,实现波长为 694.3nm 激光输出。梅曼将激光器命名为 Light Amplification by Stimulated Emission of Radiation (Laser,受激辐射光放大)。1962 年,美国研究人员成功研制出 GaAs 半导体激光器,即第一代半导体激光器[19-20]。1963 年,R. Newman 采用 GaAs 激光二极管泵浦 Nd:$CaWO_4$ 介质进行实验,发现

GaAs 二极管发射的 880nm 光可被 Nd:CaWO$_4$ 激光介质吸收,并探测到 1064nm 波段的荧光输出[21]。因此,R. Newman 提出了具有高效率、结构紧凑的 LD 泵浦固体(全固态)激光器的概念。自此,LD 泵浦的固体激光器进入发展的萌芽期。1964 年,美国 MIT 林肯实验室的 Keyes 和 Quist[22] 成功地实现了这一想法,研制了第一台 LD 泵浦固体激光器,其采用的激光晶体是 U^{3+}:CaF$_2$,发射激光波长为 2.613μm。尽管该激光器的阈值很高,输出激光功率也很低,但研究人员已经意识到了采用 LD 作为泵浦源比传统的闪光灯具有更高的效率。1968 年,麦道航空公司的 Ross[23] 将 GaAs LD 冷却到 170K,以实现 LD 发射波长(867nm) 与 Nd:YAG 的一个吸收峰相匹配,研制出了第一台 LD 泵浦的 Nd:YAG 激光器。

20 世纪 70 年代,由于半导体激光器技术仍然没有突破,其低功率、低转换效率和低温工作的不利因素严重制约了 LD 泵浦固体激光器技术的发展。1971 年,Ostermayer 等[24-25] 通过调节 LD 的材料组分,使 LD 发射波长匹配 Nd:YAG 吸收峰,在室温下采用 LD 泵浦 Nd:YAG 实现 1.06μm 连续激光输出。该研究结果为 LD 泵浦固体激光器的发展带来了曙光。这一期间,研究人员主要开展了 Nd:YAG 晶体作为增益介质的激光器技术研究。此外,还探索了新的 LD 泵浦固体激光增益介质,较为典型的有 NdP$_5$O$_{14}$ 和 LiNdP$_4$O$_{12}$,还有掺 Yb、Tm 和 Ho 等介质材料。1972 年,Barnes[26] 首次建立了侧面泵浦结构模型,并提出了阈值功率和斜效率的近似表达式。Reno 和 Conant[27] 利用 LD 侧面泵浦 Nd:YAG 晶体,实现功率为 120mW 的 1064nm 激光输出,斜效率为 6%。1973 年,Rosenkrant[28] 首次发表了脉冲全固态激光器文章,并阐述了阈值功率表达式,结果表明理论和实验结果相符。Chesler 和 Singh[29] 建立了 LD 端面泵浦理论模型,并开展了相关实验。1976 年,Iwamoto 等[30-31] 使用超辐射发光二极管(super luminescent diodes,SLD)泵浦 Nd:YAG,真正意义上实现了可以在室温下连续运转的全固态激光器。在此阶段,全固态激光器的另一个方向——光纤激光也取得了一定的进展。1974 年,贝尔实验室的 Stone 和 Burrus[32] 首次发表了激光二极管端面泵浦的掺 Nd^{3+} 的 Si 光纤激光器,使用的光纤芯径是 35μm,长度是 1cm,实现连续工作时的阈值功率不超过

1mW。紧接着,他们又成功研制了发光二极管泵浦 Nd:YAG 单晶光纤激光器[33]。这一时期,大多数实验基本在低温或近室温下开展,常温运转的实验装置才起步。该阶段的研究工作主要是 Nd:YAG 激光器、新增益介质的探索及波导激光器这三方面;全固态激光器的发展总体水平还比较低,处在起步阶段。

20 世纪 80 年代,随着半导体激光器的关键技术得到不断突破,促使全固态激光器进入了一个蓬勃发展的新时期。随着外延生长技术的成熟,包括分子束外延(MBE)、金属有机化学气相沉积系统(MOCVD)及化学束外延(CBE)等,量子阱(QW)和应变量子阱(SLQW)新结构及新材料的不断涌现,使得 LD 的阈值明显降低、转换效率明显增加、输出功率从毫瓦量级到将近百瓦水平,寿命也明显增加。全固态激光器的研究内容几乎涉及了激光技术领域的各个方面,包括新型固体激光材料和非线性光学频率变换技术的发展。研究人员采用不同的增益介质 Nd:YLF、Nd:YVO$_4$ 及 Nd:YAG(棒状和板条),结合调 Q 技术,获得 1.06 μm 脉冲激光的峰值功率突破了几十千瓦级。此外,还开展了掺 Ho、Tm^{3+} 和 Er^{3+} 等离子材料的激光器研究,获得 2μm 和 2.82μm 波段激光输出。在非线性光学频率变换领域,主要实现 1064nm/946nm Nd:YAG 的二倍频产生 532nm 绿光和 473nm 蓝光。1987 年,Hanson[34] 采用 LD 侧面泵浦 Nd:YAG 结构,得到 1064nm 脉冲激光,再将 KTP 倍频晶体放置腔内,获得 532nm 绿光输出,其峰值功率为 3W。Kozlovsky 等[35] 采用 MgO:Li 晶体和外腔谐振倍频技术,实现功率为 2mW 的单纵模 532nm 绿光输出。1987 年,Fan 和 Byer[36] 提出准三能级系统理论,并在实验室上采用 LD 泵浦 Nd:YAG 单晶光纤实现 946nm 激光输出,并预言可通过腔内倍频方法获得 473nm 蓝光。Risk 等[37] 采用 LiIO$_3$ 作为倍频晶体,通过腔内倍频方式实现 473nm 激光输出。全固态光纤激光器在这一阶段的发展则比较缓慢。

从 20 世纪 90 年代至今,随着半导体激光器已日趋成熟,使得 LD 泵浦固体激光器进入一个飞速发展的阶段,往小型化、高功率和多波长方向发展,并向实用化和产业转型,已逐渐取代传统灯泵浦的固体激光器。其中,小型化和中小功率的固体激光器通常采用端面泵浦方式,以获得较高光束质量和较高转换效率的激光输出。实现高功率全固态激光器的技术,通常采用 Nd∶YAG 或 Yb∶YAG 的多棒串接结构激光器、板条和盘状激光器、主动振荡 – 多级放大(MOPA)激光器和掺 Yb^{3+} 双包层光纤激光器。目前,高功率激光输出平均功率达到万瓦量级,其应用范围已从工业加工拓展到激光武器和受控核聚变等领域。同时,随着高质量的非线性晶体的出现,包括 LBO、BBO、BiBO 和 CLBO 等,将高性能的全固态激光器与非线性光学频率变换技术结合,拓展了 LD 泵浦固体激光器的波长和应用范围。目前,红光、绿光、蓝光全固态激光的发展较为成熟,广泛用于激光显示、医疗、海洋探测和高密度存储等领域。对于通过非线性频率变换技术获得紫外光,虽然 266nm 和 355nm 波段紫外全固态激光器已商业化,在一些应用领域中取代了准分子激光器,但是短波紫外全固态激光器及其应用潜力还有待进一步发展。

1.3　LD 泵浦深紫外固体激光器研究进展

深紫外激光器由于其波长短(通常指 280nm 以下的 UVC 波段)、单光子能量高及热效应低等优点,在拉曼光谱分析、光数据存储、高分辨率光谱学、精密机械加工及医疗等方面的应用具有独特的不可替代的优势[38-53]。将全固态激光器与非线性光学频率变换技术相结合是目前获得全固态紫外激光输出最常用的方法。它具有与全固态激光器同样的优点,如体积小、质量轻、效率高、性能稳定、可靠性好、寿命长、易操作、运转灵便、易智能化和无污染等,成为最具潜力的新一代激光源之一。由于全固态深紫外激光器具有的独特优势及广阔的应用前景,国际上都投入了大量的人力和财力进行研究,各国研究人员对不同类型激光介质(棒状、薄片、陶瓷和光纤)、不同腔型结构和不同非线性晶体下的激光性能进行了广泛的探索,取得了很多建设性的成果。以下将按不同掺杂的增益介质和激光能级系统将其分类总结,表 1.1 和表 1.2 分别列出掺 Nd^{3+} 增益介质的四能级系统 $1.06\mu m$ 波段和准三能级系统 $0.9\mu m$ 波段激光获得深紫外固体激光器的研究进展,表 1.3 列出掺 Yb^{3+} 增益介质激光,结合非线性光学频率变换技术获得深紫外固体激光器的研究进展。

表 1.1　掺 Nd^{3+} 增益介质四能级系统的深紫外固体激光器的研究进展

年份	国家	波长/nm	技术方案	研究水平	参考文献
1995	日本	266	连续 1064nm Nd:YAG + KTP 腔内二倍频(Z 形腔) + BBO 腔外四倍频(环形腔)	功率 1.5W	[54]
1999	中国	266	连续 1064nm Nd:YVO$_4$ + KTP 腔内二倍频(Z 形腔) + BBO 腔外四倍频(环形腔)	紫外光较弱,未给出相应指标	[55]
2000	日本	266	脉冲 532nm Nd:YAG 激光 + CLBO 腔外倍频	功率 20.5W,重频 10kHz(60ns)	[56]
2000	中国	266	声光调 Q 1064nm Nd:YVO$_4$ 放大器 + KTP/BBO 腔外四倍频	功率 63mW,重频 12.5kHz (20ns)	[57]
2003	日本	266	脉冲 532nm Nd:YAG 激光 + CLBO 腔外倍频	功率 40W	[58]
2004	日本	266	单频 532nm 连续光 + CLBO 腔外倍频	功率 5W	[59]
2006	中国	266	声光调 Q 1064nm Nd:YAG + LBO 腔内二倍频(V 形腔) + CLBO 腔外四倍频	功率 28.4W,重频 10kHz	[60]
2007	中国	266	被动调 Q 短脉冲 1064nm Nd:YAG 激光放大器 + KTP/CLBO 腔外四倍频	能量 108mJ,重频 1~10Hz (1ns)	[61]
2009	中国	266	声光调 Q 1064nm Nd:YVO$_4$ 放大器 + LBO/BBO 腔外四倍频	功率 15W,重频 100kHz (10ns)	[62]
2012	日本	266	微片被动调 Q 1064nm Nd:YAG 激光器 + LBO/BBO 腔外四倍频	峰值功率 3.4MW,重频 100Hz (250ns)	[63]

续表

年份	国家	波长/nm	技术方案	研究水平	参考文献
2013	法国	266	被动调Q 1064nm Nd:YAG激光放大+LBO/BBO腔外四倍频	功率530mW,重频1kHz(250ps)	[64]
2014	法国	266	脉冲1064nm Nd:YAG激光+LBO/LBO/LBO腔外四倍频	功率1W,重频10kHz(30ns)	[65]
2014	中国	266	脉冲1064nm Nd:YVO$_4$激光+LBO/KBBF-PCD腔外四倍频	功率7.86W,重频10kHz	[66]
2017	中国	266	脉冲锁模Nd:YAG 532nm激光+NSBBF腔外倍频	能量280μJ,重频10kHz(30ps)	[67]
2017	芬兰	266	单频调Q微芯片+Nd:YVO$_4$激光放大系统+LBO/BBO腔外四倍频	功率83mW,重频100kHz(100ps)	[68]
2004	日本	213	连续Nd:YVO$_4$ 532nm激光+CLBO环形腔倍频+1064nm Nd:YAG+CLBO腔内和频	功率106mW	[69]
2015	美国	213	声光调Q 1064nm Nd:YVO$_4$激光+腔内三倍频+BBO腔外和频	功率100mW,重频30kHz(15ns)	[70]
2021	中国	213	皮秒1064nm Nd:YVO$_4$激光+LBO/LBO/BBO腔外"2+3"倍频	功率1.37W,重频1MHz(17ps)	[71]
2014	日本	191.7	声光调Q 1343nm Nd:YVO$_4$激光+BiBO/LBO/BBO/CLBO腔外七倍频	功率240mW,重频10kHz(12ns)	[72]

表 1.2 掺 Nd^{3+} 增益介质准三能级系统的深紫外固体激光器的研究进展

年份	国家	波长/nm	技术方案	研究水平	参考文献
2007	瑞典	236	被动调 Q 946nm Nd:YAG 激光 + KTP/BBO 腔外四倍频	功率 20mW，重频 38kHz（16ns）	[73]
2008	芬兰	236	被动调 Q 946nm Nd:YAG 激光 + BIBO/BBO 腔外四倍频	功率 7.6mW，重频 35kHz（1.6ns）	[74]
2013	法国	236.5	声光调 Q 腔倒空 946nm Nd:YAG 单晶光纤激光 + BIBO/BBO 腔外四倍频	功率 600mW，重频 20kHz（27ns）	[75]
2020	美国	228	声光调 Q 912nm Nd:GdVO$_4$ 激光 + LBO 腔内二倍频 + BBO 腔外四倍频	功率 30mW，重频 20~40kHz（60ns）	[3]
2020	美国	228	电光调 Q 912nm Nd:GdVO$_4$ 激光 + LBO/BBO 腔外倍频	功率 50mW，重频 6kHz（20ns）	[3]

表 1.3 掺 Yb^{3+} 增益介质的深紫外固体激光器的研究进展

年份	国家	波长/nm	技术方案	研究水平	参考文献
2015	西班牙	266	脉冲锁模 1064nm Yb 光纤激光 + LBO/BBO 腔外四倍频	功率 2.9W，重频 80MHz（20ps）	[76]
2016	俄罗斯	266	脉冲偏振 1064nm Yb 光纤激光 + LBO/LBO/LBO 腔外四倍频	功率 3.3W，重频 1MHz（1ns）	[77]
2019	印度	266	1064nm Yb 光纤激光器 + LBO/BBO 两级单通倍频 266nm	功率 616mW，重频 78MHz（260fs）	[78]

续表

年份	国家	波长/nm	技术方案	研究水平	参考文献
2013	法国	257	1030nm Yb 光纤放大 + Yb:YAG 单晶光纤放大 + LBO/BBO 腔外四倍频	功率 3.2W,重频 30kHz (15ns)	[79]
2016	捷克	257.5	脉冲薄片 1030nm Yb:YAG 放大器 + LBO/BBO/CLBO 腔外四倍频	功率 6W,重频 100kHz (4ps)	[80]
2016	美国	257.5	被动调 Q 1030nm Yb:YAG + KDP 腔内倍频（直腔）+ BBO 腔外倍频	功率 100mW,重频 20kHz (1.5ns)	[81]
2017	美国	257	被动调 Q 1030nm Yb:YAG 激光 + LBO/BBO 腔外四倍频	功率 1.1W,重频 14.5kHz (2.1ns)	[82]
2017	日本	258	脉冲 1030nm Yb:YAG 陶瓷棒放大器 + LBO/CLBO 腔外四倍频	功率 10.5W,(3ns)	[83]
2019	捷克	257	1030nm Yb:YAG 薄片激光器 + LBO/CLBO	功率 7.6W,重频 77kHz	[84]
2020	新加坡	258	脉冲 1030nm Yb:YAG 激光放大器 + LBO/BBO 腔外四倍频	功率 20W,重频 10kHz (665fs)	[85]
2016	日本	193	脉冲 1030nm Yb 光纤 + Yb:YAG + Er 光纤放大器 + CLBO 腔外倍频	功率 310mW,重频 6kHz	[86]
2018	日本	193	1030nm + 1553nm 激光 + CLBO 和频	功率 0.77W,重频 1MHz (17ps)	[87]

从表 1.1 的文献总结可以得到,掺 Nd^{3+} 增益介质四能级系统的深紫外固体激光器主要是 1.064μm 波段激光的多次倍频获得 266nm 和 213nm 波段深紫外光,其中 266nm 激光得到广泛研究且获得较高水

10

平。另外,226nm 激光的输出性能表明,相比连续激光,脉冲运转方式倍频获得的激光输出平均功率较高;从表 1.2 的文献总结可得到,目前掺 Nd^{3+} 棒状增益介质准三能级系统的深紫外固体激光器主要通过其 $0.9\mu m$ 波段脉冲运转四倍频获得 236nm 和 228nm 紫外激光,其输出平均功率在 10mW 量级;从表 1.3 的文献总结可以得到,掺 Yb^{3+} 增益介质系统的深紫外固体激光器主要是 $1.06\mu m$ 和 $1.03\mu m$ 波段激光的多次倍频获得的 266nm、257nm 和 193nm 波段深紫外激光,以获得超快激光输出为主要方向。

通过上述对不同紫外光波段的实现技术总结可以得到,采用掺 Nd^{3+} 增益介质准三能级系统 $0.91\mu m$ 谱线的四倍频,是实现 228nm 波段激光最简单、有效的方法。此外,从上述文献总结中可以得到,与四能级系统 $1.06\mu m$ 波段四倍频 266nm 激光相比,掺 Nd^{3+} 增益介质准三能级系统 $0.9\mu m$ 谱线的四倍频获得深紫外激光的输出水平较低。其主要原因是,准三能级系统的受激发射截面比四能级系统的要小很多。另外,准三能级系统还存在重吸收效应,这两个固有的不利因素导致 $0.9\mu m$ 激光的输出效率降低,光束质量变差,因此 $0.9\mu m$ 波段激光输出性能和 $1.06\mu m$ 波段激光的水平相差很远,它们的倍频效率同样也存在一定的差距。此外,这两个固有的不利因素也为激光器的参数设计和调试增加了难度。

1.4 228nm 激光器技术路线选取

本节主要开展结构紧凑的全固态 228nm 激光器研究,结合上述 LD 泵浦深紫外固体激光器的文献总结,以下将对不同掺 Nd^{3+} 准三能级系统增益介质、LD 泵浦方式、谐振腔、调 Q 方式和非线性倍频晶体的特性进行分析和选取,进而制定实现 228nm 激光输出的技术路线。

1.4.1 激光晶体

1. 不同类型激光增益介质的特性

1) 棒状增益介质

以棒状晶体作为激光增益介质的固体激光器,具有结构简单紧凑、质量小、光束质量好、效率高和成本低等优势。到目前为止,棒状结构增益介质在中小功率固体激光器中具有非常广泛的应用。棒状增益介质的直径一般为几毫米,长度通常为几毫米到几百毫米不等。通常情况下,棒状增益介质固体激光器的泵浦方式可依据泵浦光入射方向和振荡光传输方向之间的关系来进行分类,通常分为纵向泵浦和横向泵浦,其结构如图 1.1(a)和(b)所示。泵浦光和振荡激光两者传播方向相同,均沿着纵向,则称为纵向泵浦。横向泵浦指泵浦光从激光介质的侧面入射,振荡激光沿着纵向振荡。

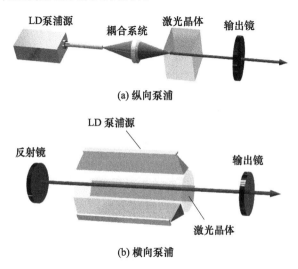

图 1.1 纵向泵浦和横向泵浦的棒状激光器结构示意图

在激光运转过程中,由于泵浦光的部分能量没能有效转变成激光输出,而是以热量形式存在于激光晶体内部,棒状激光晶体主要通过侧面散热,这样导致激光晶体在径向方向上产生温度梯度,从而引起折射率梯度变化,同时还导致激光晶体端面发生热形变,最终将会产生热透镜效应、热致双折射和热致衍射损耗等。这些将导致不能注入较大的泵浦功率、输出激光的光束质量和功率稳定性变差。近年来,虽然 LD 泵浦源技术有较大进展[88],随着散热技术的发展及键合激光晶体质量的改进[89-90],棒状激光器的输出性能获得了较大提高,但是棒状激光器仍然存在难以消除自身热透镜效应影响的不利因素。因此,棒状增益介质通常适用于中小功率激光器。

2) 薄片增益介质

如图1.2所示,薄片增益介质是在激光振荡的方向将其制作成很薄的圆盘结构,厚度一般仅有100~300μm,直径为10~20mm。泵浦光和振荡光的全反膜镀在薄片介质的一个端面上,将其固定并和热沉器充分接触,并使用循环水散热。该结构使其端面和热沉器具有较大的接触面积,非常有利于增益介质吸收的热量通过其大接触面快速且充分地散掉。该结构激光晶体的温度梯度方向和腔内振荡光传输方向相同,从理论上讲,这种温度梯度较小,将不会影响激光输出效率和光束质量。

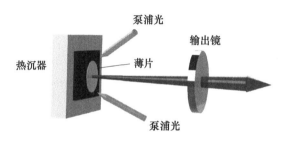

图1.2 薄片激光器结构示意图

与棒状晶体激光器相比,因为薄片激光晶体结构具有较大的散热表面积和泵浦光体积,所以其散热效率较高,适用于大功率的泵浦光。由于薄片激光晶体厚度很薄,为了提高其吸收泵浦光的效率,泵浦光的反射镜一般制作成抛物面结构,从而使泵浦光可以多次经过薄片激光晶体,提高了泵浦光的利用效率。

在薄片增益介质中,Yb:YAG晶体具有量子亏损较小、能级结构简单和无寄生效应,如激发态再吸收(ESA)、上转换(ETU)和交叉弛豫等[91]优点,所以基于这种材质的薄片增益介质近年来被广泛研究,在高功率激光输出方面具有可观的潜力。德国通快公司采用多片增益介质结构研制的Yb:YAG薄片激光器,已实现输出功率达到万瓦量级。

3) 板条增益介质

与薄片激光器相同,板条激光器同样是为了解决获取高功率激光过程中所面临的热效应问题而研制的。但与薄片增益介质结构几乎不同,板条增益介质通过在垂直于振荡光振荡的方向将其厚度减小,通常是几毫米。1972 年,W. S. Martin 等[92]提出的典型 Zig - Zag 板条激光器,其结构装置如图 1.3 所示。采用侧面泵浦方式,增益介质中的温度梯度方向和泵浦光传输相同,即垂直于晶体的大面。为了解决热镜效应的问题、增加振荡光的透射率、减小板条通光面对振荡光的反射损耗,一般按布儒斯特角切割增益介质的通光面,使振荡激光在增益介质内的大面上通过多次全反射进行传输,从而使得泵浦光方向上激光晶体的热效应相互抵消。板条结构在中高功率激光器领域具有重要的应用。

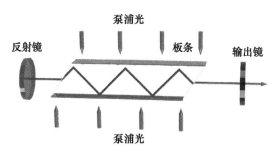

图 1.3 板条激光器结构示意图

4) 光纤增益介质

光纤激光器是在光纤放大器的基础上开发出来的,它是以掺稀土元素玻璃光纤作为增益介质的激光器。因为光纤增益介质具有较大的表面积与体积比值,所以光纤激光器在散热性能方面具有天然优势,在高功率激光器领域具有良好的应用前景。相比传统的单模光纤结构,双包层光纤增加了一个内包层,即由纤芯、内包层、外包层和保护层这四部分构成,图 1.4 为其典型结构示意图。纤芯是提供激光振荡的介质,根据芯层尺寸可获得单模或多模激光输出。一般采用异型结构(椭圆形、D 形、方形和梅花形等)把泵浦光耦合到内包层中,对泵浦光输入模式没有要求,泵浦光在内、外包层之间来回传输,多次经过纤芯被吸收。最外层是光纤的保护层。在掺杂 Nd^{3+}、Er^{3+}、Yb^{3+}、Tm^{3+} 等稀土类元素离子中,因为掺 Yb^{3+} 的双包层光纤具有许多优势,例如热负载极低、量子亏损率小和波长输出范围(975~1180nm)较宽[93-94]等,使其成为目前研究最广泛的光纤激光器。

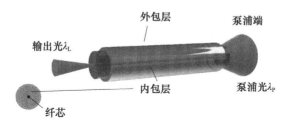

图1.4 光纤激光器结构示意图

5)不同类型激光增益介质的特性对比

虽然采用薄片、板条和光纤增益介质有利于产生高功率激光输出,但是薄片和板条增益介质激光器的结构相对复杂、体积较大和价格较高;同样,光纤较长、掺Nd^{3+}增益介质准三能级系统0.9μm波段棒状光纤结构较复杂、体积大和造价高,基于本书主要研制结构紧凑的228nm深紫外激光器的目标,所以将优选用掺Nd^{3+}棒状增益介质作为激光晶体。

2. 掺Nd^{3+}准三能级系统增益介质

$Nd:YVO_4$和$Nd:GdVO_4$激光晶体的准三能级系统主发射波长都在0.91μm波段,作为四倍频产生228nm激光的重要增益介质,具有良好的物理和光学性能。

掺钕钒酸钇($Nd:YVO_4$)晶体是四方结构和单轴晶系,其双折射值$\Delta n=0.2225\sim0.254$,透明波段范围为$0.45\sim4.8$μm,硬度与玻璃接近,难以潮解,容易加工镀膜,是目前最为常用的一种激光晶体。表1.4列出了$Nd:YVO_4$晶体的物理特性。$Nd:YVO_4$在0.914μm处的发射截面σ_{914nm}约为19.5×10^{-20} cm^2。在808nm波段附近,$Nd:YVO_4$晶体具有较宽吸收带(约21nm)。$Nd:YVO_4$晶体吸收泵浦光的效率,与泵浦光和输出激光之间的偏振方向有关,两者相同时,吸收效率最高。在a轴切割下,激光的E矢量和晶体光轴的π偏振方向平行,同时也和光轴的σ偏振方向垂直。但是,相比σ偏振,在π偏振方向上,晶体对泵浦光的吸收及其辐射均最强,同时,对其进行倍频时,偏振光的倍频效率相对较高,因此大多使用 a 轴切割 π 偏振方向的 Nd:YVO$_4$ 晶体。

表 1.4 Nd:YVO$_4$ 晶体的物理特性

原子密度	晶体结构	密度	莫氏硬度	热膨胀系数 (300 K)	热传导系数 (300 K)
1.26×10^{20} /cm^3(Nd^{3+} 1.0%)	四方晶系	4.22g/cm^3	4~5	$a_a = 4.43 \times 10^{-6}$/K $a_c = 11.37 \times 10^{-6}$/K	//c:5.23W/(m·K) ⊥c:5.10 W/(m·K)

Nd:YVO$_4$ 晶体的能级结构如图 1.5 所示。Nd:YVO$_4$ 晶体对 808nm 和 879nm 附近波段光的吸收率很高,基态能级上的粒子吸收泵浦光并跃迁到 $^4F_{5/2}$ 能级,但粒子在 $^4F_{5/2}$ 能级上的时间很短(约 10^{-10}s),很快通过无辐射弛豫跃迁到亚稳态能级 $^4F_{3/2}$。粒子在亚稳态能级 $^4F_{3/2}$ 上的时间相对较长(约 10^{-4}s),提供了粒子数反转的条件。Nd:YVO$_4$ 晶体有四个主要跃迁能级,分别是 $^4F_{3/2} \rightarrow ^4I_{11/2}$、$^4F_{3/2} \rightarrow ^4I_{13/2}$、$^4F_{3/2} \rightarrow ^4I_{15/2}$ 和 $^4F_{3/2} \rightarrow ^4I_{9/2}$,相对应的辐射波长分别是 1064nm、1342nm、1839nm 和 914nm。其中室温下 1064nm 谱线的发射截面最大、增益系数最高,其次是 1342nm 谱线,最小的是 1839nm 和 914nm 谱线。

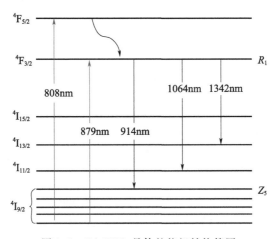

图 1.5 Nd:YVO$_4$ 晶体的能级结构简图

在上述四个能级跃迁中,$^4F_{3/2} \rightarrow ^4I_{9/2}$ 的跃迁属于 Nd:YVO$_4$ 晶体准三能级系统。在基质晶格场的影响下,Nd^{3+} 离子的各个能级产生斯托克分裂,激光 $^4F_{3/2}$ 能级分裂成子能级 R_1 和 R_2,这两个子能级的距离非常接近。R_1 与 R_2 两个子能级的粒子数按照玻耳兹曼分布率分布,分别占 $F_{3/2}$ 能级粒子总数的 55% 和 45%。激光的下能级 $^4I_{9/2}$ 同样产生斯塔克效应,分裂成 5 个($Z_1 \sim Z_5$)子能级,各子能级中的粒子数也是按照玻耳兹曼分布率分布的。914nm 谱线是通过粒子从 $^4F_{3/2}$ 的 R_1 子能级向 $^4I_{9/2}$ 的 Z_5 子能级跃迁产生的。按照玻耳兹曼分布,激光的下能级 Z_5 上的粒子数占 $^4I_{9/2}$ 能级总数的 5%,下能级分布的粒子对 $^4F_{3/2} \rightarrow {}^4I_{9/2}$ 激光能级跃迁产生的 914nm 激光存在再吸收效应,严重影响激光器的阈值功率和输出斜效率。因此,需要深入研究如何有效抑制准三能级系统的再吸收效应影响,改善准三能级系统激光的输出性能。

$GdVO_4$ 与 YVO_4 是同种结构的基质晶体材料。$Nd:GdVO_4$ 晶体准三能级系统的 $^4F_{3/2} \rightarrow {}^4I_{9/2}$ 能级跃迁产生 912nm 激光。$Nd:YVO_4$ 和 $Nd:GdVO_4$ 晶体准三能级系统的基频波长、倍频波长、受激发射截面、上能级寿命、吸收截面、吸收带宽和热导率等重要性能的参数比较如表 1.5 所列。

表 1.5 $Nd:YVO_4$ 和 $Nd:GdVO_4$ 晶体准三能级系统的性能参数比较

晶体	基频波长 λ_ω/nm	倍频波长 λ_ω/nm	受激发射截面 σ_α /(10^{-20}cm^2)	上能级寿命 τ/μs	吸收截面 σ_a /(10^{-20}cm^2)	吸收带宽 /nm	热导率/ (W/(cm·K))
$Nd:YVO_4$	914(π) 915(σ)	457	4.8(π) 4.3(σ)	100	60.1(π) 12.0(σ)	20	0.0532
$Nd:GdVO_4$	912	456	6.6(π) 5.6(σ)	95	54.6(π) 12.3(σ)	4(π) 5.8(σ)	0.117

通过上述物理和光学性能的对比分析,$Nd:YVO_4$ 和 $Nd:GdVO_4$ 晶体作为候选增益介质各有特点。相比 $Nd:GdVO_4$,$Nd:YVO_4$ 晶体在 808nm 附近波段的吸收带较宽,减小了对泵浦源及温度控制技术的要求,激光器运转的外部条件可以相对放宽,上能级寿命稍高,宜用于脉冲激光器,以及价格上存在优势。因此本研究将采用 $Nd:YVO_4$ 晶体作为激光增益介质。

1.4.2 泵浦方式

在激光二极管泵浦固体激光器中,将 LD 发射光耦合进激光增益介质的方式有很多种。通常按泵浦光与激光振荡传输方向之间的关系可分为两种,即端面泵浦(纵向)和侧面(横向)泵浦(参见图 1.1),以下对两种泵浦方式的结构特点进行对比分析。

1. 端面泵浦

LD 端面泵浦的中小功率固体激光器具有结构简单紧凑、光束质量好和效率高等优势,是应用最为广泛的一种激光器。主要由 LD 泵浦源、光学耦合系统和固体激光器三部分组成,其结构如图 1.1(a)所示。LD 输出的激光沿腔内振荡光方向传输泵浦,光束聚焦在增益介质中。通过优化谐振腔参数,泵浦光和振荡光可获得较合适的光斑尺寸比值,即模式匹配。该比值对泵浦光的泵浦效率和激光输出性能有较大的影响。另外,泵浦光在激光晶体中传输的距离较长,激光晶体对其吸收较为充分,使得该泵浦方式的激光器通常具有较低的泵浦阈值功率和较高斜效率。因此,LD 端面泵浦技术在中小功率、高光束质量和高转换效率的固体激光器中具有非常广泛的应用。端面泵浦技术主要有两种,一种是将激光二极管的发射光通过光学耦合系统直接注入激光晶体中,优化设计谐振腔和耦合系统参数,可使泵浦光束和振荡光束的重叠达到最佳状态;另一种是将 LD 输出光先耦合进入光纤,再通过光纤输出注入激光增益介质中,这种方式除了可以将固体激光器和激光二极管进行隔热,以减小热效应的相互影响,光纤还对 LD 输出光具有整形效果,有利于获得模式匹配。

2. 侧面泵浦

端面泵浦结构具有效率高和光束质量好的优势,然而由于存在激光晶体泵浦区域的尺寸较小和热透镜效应的不利因素限制,不能注入太高的泵浦光功率。随着 LD 输出功率的增加和散热技术的提高,研究人员在灯泵激光器结构的基础上,利用多个 LD 阵列,优化设计激光晶体参数,将泵浦光能量从圆柱体或长方体表面注入晶体中。这样的泵浦方式增加了激光晶体的泵浦光注入面积及其散热表面积,因此注入和输出功率可同时得到较大提高。另外,增加的增益介质尺度使激光输出功率也获得了一定增加。侧面泵浦结构如图 1.1(b)所示。目前,百瓦到万瓦级全固态激光器大都采用侧面泵浦结构。

3. 两种泵浦方式的对比

LD 端面泵浦具有结构简单紧凑、效率高和光束质量好的优点。LD 侧面泵浦虽然有利于获得高功率激光输出,但其结构较复杂、体积大。因此,本书将采用 LD 端面泵浦方式。

1.4.3 激光谐振腔

在全固态激光器中,激光谐振腔的选取对激光输出性能具有很大的影响。在确定采用激光晶体参数后,需要根据激光输出性能的要求,选取合适的谐振腔。通过上述对掺 Nd^{3+} 增益介质的能级系统分析可知,准三能级系统的发射截面较小、存在重吸收效应,这些不利因素对获得高功率和高光束质量的基频光输出具有不可忽略的影响,因此在选取谐振腔结构时,需要从两方面考虑:既有利于增强基频光输出,又可获得较高的倍频效率。从上述深紫外固体激光器的文献总结可知,对于四能级统,使用腔外二次倍频产生四次谐波是最简单的方法;然而,对于本研究采用的准三能级系统,如果使用腔外二次倍频,获得的倍频转换效率将会相当低。因此,为了有效产生 228nm 紫外激光,需要综合考虑,优选容易实现和高效倍频的谐振腔结构。为了提高倍频效率,通常将倍频晶体放入激光腔内采用内腔倍频的方式,这样可以使基频光往返多次经过倍频晶体,提高基频光的利用率。通常采用的腔型有直腔腔内倍频、V 形腔腔内倍频和 Z 形腔腔内倍频,其结构如图 1.6 ~ 图 1.8 所示。类似的有效方法还有使用外谐振腔来增加基波、谐波或二者的循环功率。

直腔结构的优点是结构简单紧凑和容易调试,但是其倍频效率较低,原因是激光增益介质和倍频晶体上的光斑大小不能自由选择,无法同时获得光束模式匹配和较高的倍频效率,因此,对于掺 Nd^{3+} 增益介质的准三能级系统,不适合采用直腔结构。

V 形谐振腔结构的优点是,腔的两个分臂上存在两个相对独立的光腰,可同时满足模式匹配和高效率倍频的条件,但同时存在像散,影响激光输出的光束质量。

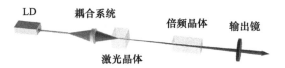

图 1.6　LD 端面泵浦直腔腔内倍频结构

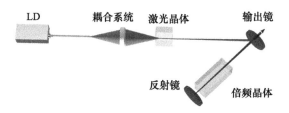

图 1.7　LD 端面泵浦 V 形腔腔内倍频结构

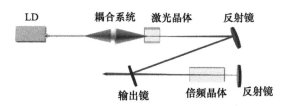

图 1.8　LD 端面泵浦 Z 形腔腔内倍频结构

Z 形谐振腔倍频效率高,热稳定性好,光束质量比 V 形腔好一些,但其结构复杂和腔内损耗大。

外谐振腔,则需要采用宽带伺服机来精确控制腔长,还需要入射光的输入镜透过率与总的腔损耗阻抗匹配,才能获得最高的转换效率,这样使其整体结构较为复杂。

通常上述分析,本书优选用 V 形激光谐振腔腔内二倍频结构,腔外四倍频部分采用结构较为简单的透镜聚焦方式。

1.4.4　调 Q 方式

调 Q 技术是提高激光倍频效率的常用方法。从调制方式上划分,调 Q 技术可分为两大类:主动式和被动式。目前常见的主动式主要有电光调 Q 和声光调 Q 两种;而被动调 Q 通常采用可饱和吸收晶体,光透过率随其吸收光功率变化而改变。从脉冲建立过程的方式上划分，则可以分为脉冲透射式调 Q(pulse transmission mode,PTM)和脉冲反射式调 Q(pulse reflection mode,PRM)。本节主要讨论电光、声光和被动式三种调 Q 方式的特性。

1. 电光调 Q 技术

电光调 Q 激光器结构如图 1.9 所示。电光调 Q 采用一个电光调制器(电光 Q 开关)控制谐振腔损耗，当给电光调制器施加电压时，产生电光效应(普克尔效应)调制光的偏振态。另外，在谐振腔中放置偏振片或偏振分束器就可以控制谐振腔激光振荡损耗。因此，电光调 Q 技术通过电信号触发进行调 Q，进而实现激光脉冲。

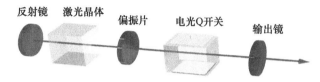

图 1.9 电光调 Q 激光器结构

利用普克尔效应对光偏振态进行调制的器件被称为普克尔盒(Pockels cell)，普克尔盒结构如图 1.10 所示。电场方向与激光振荡方向平行的普克尔盒被称为纵向装置。而电场方向与激光振荡方向垂直的普克尔盒则被称为横向装置。纵向装置两电极的间距和通光孔径大小无关，所需电压大小也和通光孔径无关，所以该结构可用于制备大孔径的普克尔盒。相对纵向装置，因为横向装置两电极的间距与通光孔径大小有关，所以横向结构不适用于制备大口径的普克尔盒，但在一些小口径的应用领域，横向普克尔盒能在一定程度上减小电压。

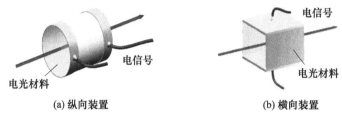

图 1.10 普克尔盒结构

施加在普克尔盒上使出射光与入射光的相位差为 π 的电压,称为半波电压($\lambda/2$ 电压)。一般情况下,半波电压数值为数百到数千伏特。相应地,使出射光与入射光产生 π/2 相位差的电压,则称为四分之一波电压($\lambda/4$ 电压)。对普克尔盒施加二分之一波电压或四分之一波电压,对光的作用效果等同于一个二分之一波片($\lambda/2$)或一个四分之一波片($\lambda/4$)。在采用电光调 Q 器时,通过在谐振腔中插入偏振分束器,当给普克尔盒施加四分之一波电压时,光往返通过普克尔盒两次,其偏振方向发生了 90°的变化,此时由于偏振分束器阻挡光的传播,进而改变谐振腔的损耗。

用于制备电光调 Q 器的晶体有很多。例如 $LiNbO_3$ 晶体,其具有较小的压电系数变化,可以满足较大温差变化(-50~60℃)及降低了对光学系统稳定度的要求,通常用于军事领域。KD^*P 和 KDP 是商业上常用的两种晶体,在使用时,为了消除 KD^*P 和 KDP 的快、慢轴光束间走离效应的影响,通常采用纵向装置结构。另外,KDP 的压电系数对温度变化敏感,将吸收的部分激光能量转变成热量,导致晶体内部温度发生变化,其折射率将随温度的不均匀变化而发生相应的变化,使晶体发生双折射,产生退偏效应,最终使其调 Q 性能下降,打开调 Q 开关时,偏振片将退偏的激光能量损耗掉。一般可通过利用偏振旋转器和两块电光晶体补偿热致双折射效应[95]。对于 $YCa_4O(BO_3)_3$ 和 $GdCa_4O(BO_3)_3$ 非线性晶体[96],虽然目前主要在光学频率转换性能方面上开展研究,但其具有抗潮解、透过率较高的波段范围较宽和较好的机械性能等优势,使这类晶体在制备电光调 Q 开关方面具有非常大的潜力。另外,还有周期性极化铌酸锂(PPLN)晶体,当给周期性极化铌酸锂提供电压时,PPLN 可等效布拉格调制器,将其置入激光谐振腔中,可作为调 Q 器件,此类电光调 Q 器件具有低电压的优点(小于200V),可产生重频为 10kHz 的激光输出[97-98],但是该器件的抗损伤阈值还有待提高。表 1.6 列出了电光调 Q 器件的几种常用晶体的性能对比。

虽然,目前有许多种类的电光晶体,但由于存在电导率、电光系数和压电环效应等不利因素,利用传统晶体制备的电光调 Q 器件都不能实现高重频下工作,其重频一般在 10kHz 内。而新晶体,例如 PPLN,由于其技术还不够成熟,不能在高功率下持续工作。目前,RTP、BBO和LGS电光晶体可以在高重频下工作,将这些晶体制备成的普克尔盒,其重频可达到100kHz量级。RTP具有很好的电光性能和大电光系数,四分之一波电压仅需1kV左右,这非常有利于制备电源器件;而BBO具有小的电光系数,因此其四分之一波电压较高(3kV);LGS的旋光效应较大,制作较为复杂,性能还不够成熟。

表1.6 电光调Q器件的几种常用晶体的性能对比[99-100]

晶体	优点	缺点
铌酸锂(LiNbO$_3$)	高透过率和消光比,低半波电压,压电系数变化小	难以生长大尺寸晶体,存在压电环效应,损伤阈值较小($10\sim 50MW/cm^2$)
磷酸二氢钾 KH$_2$PO$_4$(KDP)[101]	高电光系数和高损伤阈值	易潮解,压电系数随温度变化大(如80V/℃@1.06μm)
氘化磷酸二氢钾 KD$_2$PO$_4$(KD*P)	高电光系数和高损伤阈值	易潮解
磷酸氧钛钾 KTiOPO$_4$(KTP)	高电光系数和高损伤阈值,无压电环效应	容易产生灰迹现象和击穿
偏硼酸钡 β-BaB$_2$O$_4$(BBO)[102]	无压电环效应,高损伤阈值,可实现高重频工作	难以生长大尺寸晶体,小电光系数
磷酸钛氧铷 RbTiOPO$_4$(RTP)	大电光系数,高损伤阈值,无压电环效应,可实现高重频工作	难以生长大尺寸晶体,需要两块晶体补偿双折射
硅酸镓镧 La$_3$Ga$_5$SiO$_{14}$(LGS)[103-104]	在较大波长范围内具有高透过率,可生长大尺寸晶体	存在较大的旋光效应,电光器件的制作较为复杂

2. 声光调Q技术

声光调Q的机理是通过在声光介质中传输的声波使激光传输方向产生变化,进而控制谐振腔损耗。声光调Q激光器结构如图1.11所示。相比电光调Q,在光路中仅需声光调制器(声光Q开关)即可实现脉冲调制,因此使激光器整体结构较为紧凑。

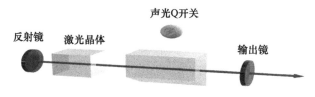

图 1.11 声光调 Q 激光器结构

图 1.12 给出了典型的声光调制器的结构和工作原理。声光调制器晶体通常采用二氧化碲(tellurium dioxide – TeO_2)或石英(quartz – SiO_2)材料制备,并在通光面镀上振荡激光波段的增透膜。其工作原理是,电声换能器将高频电信号转变成超声波,当超声波在声光晶体中传播时,声光介质会产生随时间和空间变化的周期性弹性形变,进而使声光介质的折射率发生周期性变化,形成一个等效的体光栅。将其置入激光谐振腔,当入射光和声波面满足布拉格衍射角时,透射光束将被分成 0 和 1 或 −1 级的衍射光,使损耗增大,谐振腔处在高损耗低 Q 值的状态,激光在腔内不能形成振荡;此阶段激光晶体上能级积累大量的反转粒子,当突然撤销声波场时,衍射效应随之消失,腔内状态由高损耗低 Q 值变成低损耗高 Q 值,迅速形成激光场,从输出耦合镜发出巨脉冲激光。如此周期性调制 Q 值,激光器就输出周期式的脉冲激光。

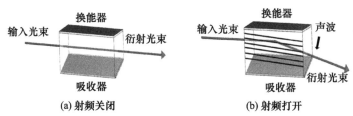

图 1.12 典型的声光调制器的结构和工作原理

对于采用声光调 Q 器件的激光谐振腔,单程损耗的典型值约为 50%,往返损耗值约为 75%。声光调制器通过电声换能器产生的声波频率达到 100MHz 量级(根据设计需要频率在数十兆赫到数百兆赫范围内皆可实现),而电声换能器通过驱动电源提供的功率为瓦级的射频(radio frequency,RF)信号来驱动。对于大尺寸、具有高损伤阈值和强开关能力的调制器,需要 10W 量级的射频功率和水冷方式散热。这个较高的射频信号功率对驱动电源及传输线缆具有一定的要求。TeO_2声光晶体具有高弹光系数(elasto - optic coefficients),能减小所需的射频信号功率,但是光致损伤阈值比对射频功率要求较高的SiO_2晶体要低许多。在晶体相对于电声换能器的一侧位置,通常会设置一个吸收声频器件,以阻止声波在晶体内的反射,并保持晶体内声波处于行波传输状态。在声光调Q过程中,光束发生偏折角度的典型值约为5°,可实现激光重频最高达到MHz量级。

3. 被动式调Q技术

被动式调Q技术通过采用可饱和吸收体,光透过率随其吸收激光光强而产生变化,以进行对谐振腔损耗的控制。被动式调Q激光器结构如图1.13所示。相比电光调Q和声光调Q,被动式调Q方式仅需一定单独的可饱和吸收晶体即可实现脉冲调制,因此激光器整体结构最为简单。可饱和吸收体的工作方式可以分为透射式和反射式两种。一般来讲,透过率随光功率增强而增加的,称为透射式可饱和吸收体;反射率随光功率增强而增加的,被称为反射式可饱和吸收体。对于典型的采用透射式可饱和吸收体作为调制器的激光器,在起始阶段因为可饱和吸收体的光透过率较低,谐振腔内的损耗很大,当激光晶体中的光子数达到一定程度时,激光开始振荡,光功率随时间不断增强;此时,可饱和吸收体的光透过率随着光功率的增强而增大,直到饱和状态,谐振腔由之前高损耗状态变成低损耗,瞬间产生脉冲激光,并从输出镜发射出。脉冲激光发射出去后,腔内光功率减小,可饱和吸收体的光透过率也随着减小,至此结束一个调Q周期。而采用反射式可饱和吸收体的被动式调Q激光器也具有类似的工作原理。因为激光增益达到较高程度时,需要有效克服谐振腔损耗,激光才能建立起振荡,但是在高激光增益状态下,可饱和吸收体可提供的损耗通常比主动式调Q方式低。

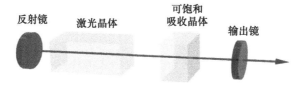

图1.13 被动式调Q激光器

常见的可饱和吸收体有 Cr^{4+}：YAG、砷化镓（gallium arsenide，GaAs）、SESAM（semiconductor saturable absorber – mirror）、基于量子点（quantum dot）硫化铅玻璃（lead sulfide suspended in glasses）、石墨涂层（graphene layers）、单层碳纳米管（single – wall carbon nantubes，CNT）等，其中上述后两种晶体通常用于被动锁模。

4. 不同调 Q 方式的对比和选择

在主动式调 Q 方案中，基于声光调 Q 和电光调 Q 方式的工作原理可知，相比电信号，声波在声光晶体中的传输速度有限，使得晶体状态改变的速度低于电光晶体的响应速度。因此，理论上电光调 Q 比声光调 Q 关断用时短，能实现更窄的脉冲宽度。通常情况下，采用电光调 Q 获得的脉冲宽度为几纳秒，声光调 Q 为 10ns 量级。但近年来有实验研究表明，声光调 Q 也可实现几纳秒的脉冲宽度[105]，因为输出激光脉冲宽度与谐振腔状态也有关系，通过优化设计和调腔型可以进一步压缩脉宽；电光调 Q 需要更高的驱动电压，而声光调 Q 不需要高压电驱动，因此更容易实现 100kHz 以上甚至 1 MHz 的高重频运转，但需要射频信号驱动；相比之下，电光调 Q 由于需要高驱动电压和存在压电环效应的不利因素，一般较难提供 100kHz 以上的重频工作；声光调 Q 运转对激光偏振态没有要求，不需要对激光偏振态进行调制。此外，声光调 Q 也存在价格上的优势。因此，相比电光调 Q，声光调 Q 的应用更为广泛。被动调 Q 具有器件无须驱动电源、结构简单和利于制备微型全固态激光器的优点，但是其输出重频和脉宽主要与激光增益强度有关，不能对其进行主动控制，且输出的脉冲能量相对较低。

通过上述对比分析，声光调 Q 更适合用于中小功率激光器，虽然从理论上分析，在获得窄脉冲宽度方面，声光调 Q 性能不比电光调 Q，但实验上可以通过合理设计激光器参数和调试合适的腔型进行完善。所以本书选取声光调 Q 器作为激光系统的调 Q 方案。

1.4.5 非线性倍频晶体

非线性光学频率变换是基于光学与物质的相互作用，强光入射物质，使物质结构产生极化，这些极化从微观上的偶极矩辐射出具有新频率的光波，从而产生倍频光、和频光、差频光及直流电场。与之相对应的二阶非线性光学效应分别是倍频(second-harmonic generation, SHG)、和频(sum-frequency generation, SFG)、差频(difference-frequency generation, DFG)及光整流(optical rectification, OR)。产生二次谐波(SHG)或倍频是利用晶体的二阶非线性效应时最常见的应用,如图 1.14 所示。在 SHG 中,两个波长均为 λ 的注入光子进行一个非线性过程变换,产生一个 $\lambda/2$ 波长的光子。与 SHG 产生机理类似,和频(SFG)是通过注入两个波长为 λ_p 和 λ_s 的光子以产生一个 λ_{SFG} 波长的光子,$\lambda_{SFG} = (1/\lambda_p + 1/\lambda_s)^{-1}$。在差频(DFG)中,两个波长为 λ_p 和 λ_s 的光子注入晶体,频率较低的光波为信号光子 λ_s 激发泵浦光子 λ_p,产生一个波长为 λ_s 的信号光子和一个波长为 λ_i 的限制光子,最终,获得两个信号光子和一个闲光子出射,信号光得到放大,这也称为光参量放大。将非线性晶体放入一个光学谐振腔内可以明显提高 DFG 的效率,这也称为光学参量振荡器(OPO)。

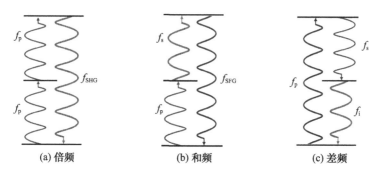

图 1.14　二阶非线性光学效应

1. 紫外激光非线性倍频晶体

近年来,基于材料科学和技术取得突破性进展,非线性晶体也获得了较快发展,不断涌现出高质量非线性紫外晶体,我国研究人员在非线性紫外晶体领域也获得了丰硕成果。在 20 世纪 80 年代末,中国科学院陈创天研究团队在陆续研制出了 LBO(三硼酸锂)和 BBO(偏硼酸钡)可见/紫外非线性光学晶体之后,又依据硼酸盐体系材料结构与性能的关系,经过多年的探索,研制出了 KBBF(氟代硼铍酸钾)晶体,这些晶体和 CBO(三硼酸铯)和 CLBO(铯-锂-硼酸盐)等晶体,是目前用于倍频产生紫外激光的最常用非线性晶体。

（1）LBO（LiB_3O_5，三硼酸锂）是由中国科学院福建物质结构研究所[106]成功研制出的非线性晶体，透光波段为160～2600nm，晶胞参数为 $a=0.8447(3)$ nm，$b=0.7378(8)$ nm，$c=0.5139(5)$ nm，$Z=2$。LBO 晶体容易生长，可制备尺寸大于 $5cm^3$ 的晶体。该晶体接收角度宽，光学均匀性高，离散度小，并且可通过角度或温度调谐实现相位匹配；此外，还具有高损伤阈值和不易潮解的优点，目前广泛应用在高平均功率激光 SHG、THG、FOHG 及 SFG、DFG 等领域。

（2）BBO（$\beta-BaB_2O_4$，偏硼酸钡）也由中国科学院福建物质结构研究所成功研制，透光波段为190～2500nm，晶胞参数为 $a=b=1.2532nm$，$c=1.2717nm$，$Z=6$。该晶体具有损伤阈值高、温度稳定性好、相位匹配波段范围较宽和较大双折射，以及低色散等优点，但存在接收角度较小和离散角较大的缺点。另外，BBO 晶体微潮解，通常通过镀膜进行防护。该晶体在工业上广泛应用于紫外激光器 SHG、THG、FOHG 及 SFG、DFG 中。

（3）CBO（CsB_3O_5，三硼酸铯）是由中国科学院福建物质结构研究所[107]成功研制的一种非线性晶体，透光波段为170～3000nm，晶胞参数为 $a=0.6213nm$，$b=0.8521(1)nm$，$c=0.9170(1)nm$，$Z=4$，仅有一个非零的非线性系数 $d_{14}=0.863pm/V$，折射率 $\Delta n\approx0.059$ 较小。CBO 晶体的损伤阈值高，非线性光学系数较大，离散角较小，这些使该晶体在激光的 THG 领域具有潜在的应用。

（4）CLBO（$CsLiB_6O_{11}$，硼酸锂铯）由日本大阪大学 Y. Mori 等[108]成功研制，该晶体透光波段为180～2750nm，晶胞参数为 $a=1.0494(1)nm$，$c=0.8939(2)nm$，$Z=4$。与 LBO 和 BBO 晶体相比，CLBO 晶体很容易生长，能同时获得高质量和大尺寸晶体。此外，该晶体具有小的走离角、大的接收角和较小的双折射率（$\Delta n\approx0.049$），对泵浦光的光束质量要求不高，但是很容易潮解，需要密封使用或一直在较高温度（150℃左右）环境下保存，所以目前通常用于实验研究，在工业上的应用较少。

（5）BIBO（BiB_3O_6，三硼酸铋）由 Liebertz 研制出第一颗单晶晶体，并由 Fröhlich 等测定了其结构性质参数。其属于单斜晶系双轴晶体，

晶胞参数为 $a=0.7116$nm, $b=0.4993$nm, $c=0.6528$nm, $Z=2$,透光波段为 270～2600nm。BIBO 晶体具有较高的有效非线性系数、与 LBO 差不多的高损伤阈值、走离角相对较低、较宽的透光波段范围,尤其是具有不潮解的特性优点,在产生可见光及紫外光等领域有着很大的潜力,是一种非常有前途的非线性晶体,但受生长技术限制,目前生长较为困难。如果其生长工艺进一步得到提高,将来会有更广泛的应用前景。

(6) KBBF($KBe_2BO_3F_2$,氟硼酸铍钾)是由中国科学院福建物质结构研究所[109]成功研制的一种深紫外非线性晶体,该晶体单胞参数 $a=b=0.4427$nm, $c=1.8744$nm, $Z=3$,属于单光轴晶体,透光波段为 155～3700nm。其双折射率约为 0.07～0.077,该双折射率适中,能满足宽波段相位匹配的要求,同时不会导致基频光和倍频光发生较大的离散,且允许角度较大(约为 1.47mrad·cm),这些使几乎整个透光波段范围皆能实现相位匹配。该晶体实现的最短输出紫外波长是 163.4nm,这也是目前世界上从理论到实验都能验证实现最短的激光倍频波长的非线性光学晶体。KBBF 的成功研制拓宽了紫外区激光波段范围,是一种非常有前景的紫外/深紫外非线性晶体,如能够再进一步提高其生长技术,可获得高质量大尺寸的晶体,将对紫外激光发展起到重要的推动作用。

(7) KABO($K_2Al_2B_2O_7$,硼酸铝钾)由中国科学院福建物质结构研究所[110]成功研制,其晶胞参数为 $a=0.85669(8)$nm, $c=0.8467(1)$nm, $Z=3$,透光波段为 180～3600nm,属于负单轴晶体。KABO 晶体的双折射率值是 0.074,大于 CBO、CLBO 和 LBO,具有较小的有效非线性系数 $d_{eff}=0.191$pm/V,接收角和走离角优于 BBO 晶体,但不如 CLBO 晶体。

(8) RBBF($RbBe_2BO_3F_2$,氟硼铍酸铷)由中国科学院福建物质结构研究所首次[111]报道,透光波段为 160～3550nm,晶胞参数为 $a=b=0.44341(9)$nm, $c=1.9758(5)$nm, $Z=3$。RBBF 克服了 KBBF 晶体难生长和易开裂的缺点,可以获得大尺寸晶体,也可以用于非线性频率变换输出 200nm 以下的激光。该晶体抗潮解,物理和化学性质稳定。在深紫外波段,RBBF 的非线性光学性能不如 KBBF 晶体:有效非线性光学系数 d_{eff} 比 KBBF 晶体小,相同波段的相位匹配角都比 KBBF 晶体大。两者性能的差异,越往短波方向趋势越明显[112]。

另外,近年来不断报道了许多新型紫外非线性晶体,如 KAB($K_2Al_2B_2O_7$)[113]、YCOB[$YCa_4O(BO_3)_3$][114]、GdCOB[$GdCa_4O(BO_3)_3$][115] 和 SBBO($Sr_2Be_2B_2O_7$)[116] 等。这些晶体目前还处于研究阶段,因为晶体生长技术、损伤阈值、非线性光学系数较低或者双折射率低等问题,还未广泛应用在紫外激光器中,故此处不展开介绍。

2. 非线性倍频晶体选取

通常情况下,对于负单轴非线性晶体,其折射率和入射光偏振方向与在晶体中的传输方向有关,一般可通过结合光波偏振方向与晶体切割角度,也就是选择特定光传播方向来实现相位匹配,这种方式称为角度相位匹配。当入射光波为单一方向的线偏振(o 光)时,产生的谐波是另一方向偏振的线偏振光(e 光),这种相位匹配方式称为Ⅰ类相位匹配(o+o→e)时。而当基波是不同偏振态光(o 光和 e 光)时,产生一种偏振态的谐波(e 光),这种相位匹配方式称为Ⅱ类相位匹配(o+e→e)。采用角度相位匹配方式,光波在晶体中通常会发生走离,但是如果入射光是通过垂直于晶体光轴($\theta=90°$)的方向满足相位匹配的情况,则可以消除光束走离效应的影响。通过利用某些晶体的双折射率和色散与温度敏感函数的关系,可以实现上述 90°匹配角的相位匹配,这是因为 n_e 随温度的变化比 n_o 要敏感很多。通过合理调节晶体的温度,可得到 $\theta=90°$ 的相位匹配,这种获得相位匹配的方式称为温度相位匹配。在温度相位匹配下,晶体中的 SHG 和 THG 的过程可通过三波耦合方程来表述。在无走离效应、平面波和小信号近似的条件下,得到转换效率表达式为

$$\eta = \frac{P_3}{P_1} = \frac{8\pi^2 d_{eff}^2 L^2}{\varepsilon_0 c n_1 n_2 n_3 \lambda_3^2} \frac{P_2}{A} \text{sinc}^2[|\Delta k|L/2] \quad (1.1)$$

式中:d_{eff} 为有效非线性系数;n_1、n_2 分别为两基频光折射率;n_3 为和频光折射率;L 为光波在晶体中所走过的距离;Δk 为相位失配量。从式(1.1)可以看出,影响光转换效率的因素有有效非线性系数 d_{eff}、基频光功率密度 P_2/A、晶体长度 L 和相位匹配因子 $\text{sinc}^2[|\Delta k|L/2]$。

因此,为了获得较高的光转换效率,需要在能满足相位匹配条件下 $\Delta k=0$,选用的晶体应具有较高的有效非线性系数、适当提高基波的光

功率密度和选用合适长度的晶体。在选择非线性倍频晶体时,除了考虑上述的影响因素,一般来说,还要满足以下几点要求:①适中的双折射率值(采用角度相位匹配时,应存在相位匹配角);②尽可能小的走离角;③尽量大的温度、角度和光谱接收带宽;④宽的透明波段范围,不影响非线性转换效率(尤其对于紫外波段);⑤较高的损伤阈值;⑥容易生长、制备成本低;⑦优良的物理化学性能、机械稳定性。

本研究主要采用非线性倍频晶体产生二次谐波。在非线性倍频晶体倍频过程中,为提高倍频效率,前提需使基频光和倍频光满足相位匹配条件。实现相位匹配有两种方法:临界(角度)和非临界(温度)相位匹配。通常情况下,采用温度相位匹配获得的倍频效率较高、光束质量较好,但需要配置一个温控箱,导致结构复杂、体积大和成本高,因此本研究使用角度相位匹配非线性晶体。对用于产生 457nm 蓝光和 228nm 深紫外光的非线性倍频晶体特性进行总结,如表 1.7 所列。

表 1.7 可产生 457nm 与 228nm 激光的非线性倍频晶体的特性

晶体		BiBO	LBO	BBO	KBBF	RBBF
非线性系数 $d_{eff}/(pm \cdot V^{-1})$	457nm	3.44	0.803	2.01	0.436	0.412
	228nm	—	—	1.38	0.387	0.344
接收角 /(mrad·cm)	457nm	1.13	4.56	0.89	1.43	1.54
	228nm	—	—	0.36	0.47	0.52
走离角/mrad	457nm	44.99	12.48	61.76	43.36	40.04
	228nm	—	—	75.68	66.05	58.72
相位匹配角/(°)	457nm	159.6(θ) 90.0(φ)	90.0(θ) 21.7(φ)	25.8(θ)	22.0(θ)	23.7(θ)
	228nm	—	—	61.4(θ)	43.9(θ)	48.1(θ)
潮解性		难潮解	微潮解	微潮解	不潮解	不潮解
透过带宽/nm		286~2500	160~2600	185~2600	147~3500	165~3500

Lithium tetraborate LiB_3O_5(LBO) 和 Bismuth borate BiB_3O_5(BiBO) 是可以实现近红外波段倍频产生蓝光的两种商业化非线性倍频晶体。在 914nm 激光二倍频中,虽然 BiBO 具有大的非线性系数 3.44pm/V,但是其大的走离角 44.99mrad,导致获得光斑的光束质量差,进而使倍

频效率下降,因此本实验中不使用 BiBO 晶体。LBO 因具有小的走离角 12.48mrad,因此本研究选用 LBO 作为二倍频晶体。虽然 LBO 具有小的非线性系数 0.803pm/V,但是可以通过延长 LBO 的长度补偿相对较小的非线性系数值。目前,常用的紫外倍频非线性晶体主要是 β-BaB_2O_4(BBO) 和 $CsLiB_6O_{10}$(CLBO) 晶体。其中,CLBO 晶体的非线性系数较高、走离角较小,对紫外波段的激光几乎没有吸收作用,这些有利于产生较高性能的紫外光输出,但 CLBO 晶体在 457nm 不能实现相位匹配(对于二倍频)。$RbBe_2BO_3F_2$(RBBF) 和 $KBe_2BO_3F_2$(KBBF) 晶体也能倍频产生 228nm 激光,但其有效非线性系数较小,且生长技术还有待提高,没有形成商业化产品,不利于实现较高效率的紫外激光输出。相比于其他晶体,BBO 晶体是一种性能优良的非线性晶体,有效非线性系数较大,损伤阈值较高,且透光波长范围较宽,光学性能很稳定,是目前最为广泛地用于产生紫外及深紫外波段激光的一种商业化晶体,并且价格适中。因此,在本研究工作中,选用 BBO 作为四倍频晶体。关于非线性光学详细理论以及 LBO 和 BBO 倍频晶体参数设计,第 4 章将进行详细介绍。

基于上述不同激光增益介质、LD 泵浦方式、谐振腔、调 Q 方式和非线性倍频晶体特性的分析和选取,提出本工作的技术路线:采用 LD 端面泵浦 $Nd:YVO_4$ 和声光调 Q 技术实现 914nm 激光脉冲运转,V 形激光谐振腔和 LBO 倍频晶体对其进行腔内二倍频,获得 457nm 激光输出,再利用 BBO 晶体和透镜聚焦方式对 457nm 蓝光进行腔外倍频,实现深紫外 228nm 激光输出。图 1.15 为实现深紫外 228nm 激光的固体激光器的基本结构示意图。

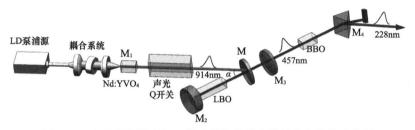

图 1.15 实现深紫外 228nm 激光的固体激光器的基本结构示意图

1.5 本书的主要内容

本书主要介绍高效率、结构紧凑的 $Nd:YVO_4$ 准三能级系统 914nm 谱线四倍频产生 228nm 深紫外激光的固体激光器技术。全书共有 6 章,结构安排和主要内容如下。

第 1 章绪论。介绍深紫外 228nm 波段激光器的研究背景和意义、全固态激光器的发展历程,着重介绍全固态深紫外激光器主要的实现技术及发展概况,由此提出本书采用的技术路线,并指出该方案存在的主要问题和本书的研究方向。

第 2 章 $Nd:YVO_4$ 914nm 激光器理论及其热效应分析。从稳态下的准三能级激光速率方程出发,介绍 $Nd:YVO_4$ 激光晶体的再吸收效应,泵浦光斑与振荡光腰半径的尺寸比和晶体长度对 914nm 激光输出性能的影响。以热传导理论作为出发点,建立 LD 端面泵浦 914nm $Nd:YVO_4$ 激光器模型,在泵浦光分布为高斯分布时,通过解析法求解,对比温度折射率差、应力双折射及晶体端面热膨胀这三个因素各自在增益介质内部产生热透镜效应的比重,并通过平面平行谐振腔法实验测量其热焦距。

第 3 章声光调 Q 技术与 V 形谐振腔设计。建立声光调 Q 914nm $Nd:YVO_4$ 速率方程理论模型,分析影响输出激光脉冲宽度的因素,通过数值计算仿真声光调 Q 914nm $Nd:YVO_4$ 激光器的上下能级粒子数、脉冲宽度和单脉冲能量与泵浦功率和重复频率的关系。提出利用热效应对光束质量的自洽控制技术设计谐振腔参数,采用标准 ABCD 传输矩阵理论和谐振腔稳定性条件,对激光器三镜折叠腔腔内不同位置振荡光斑大小随分臂腔长变化进行了详细的分析讨论。

第 4 章非线性倍频理论与倍频晶体设计。从麦克斯韦方程组出发,再通过洛伦兹模型、折射率方程和电磁波与物质材料的相互作用理论系统地分析了非线性光学效应产生机理,以及 Ⅰ 和 Ⅱ 晶体倍频的相位匹配条件,结合色散方程和有效非线性系数表达式,通过数值计算了用于产生 457nm 和 228nm 激光 LBO/BBO 倍频晶体的相位匹配角及有效非线性系数。

第 5 章深紫外 228nm 固体激光器实验。在前面章节的理论研究和参数设计的基础上,进行优化 228nm 激光器实验。首先从模式匹配方面考虑,开展 457nm 连续激光器优化实验研究,获得较高功率和较好光束质量的 457nm 连续激光输出,再通过选取焦距合适的聚焦镜和 BBO 晶体长度及它们的摆放位置,对 457nm 激光进行腔外聚焦倍频获得 228nm 连续激光。在连续 457nm 激光器基础上,结合声光调 Q 技术,通过改变其调制频率,寻找最大峰值功率的 457nm 脉冲激光输出,再对其进行腔外透镜聚焦,经过 BBO 晶体倍频产生 228nm 脉冲激光。另外,开展了脉冲 228nm 激光灭活细菌实验研究。

第 6 章总结与展望。对本书的研究结果和创新点进行总结,并展望未来的工作。

参考文献

[1] DEYRA L,MARTIAL I,DIDIERJEAN J,et al. Deep‐UV 236.5nm laser by fourth‐harmonic generation of a single‐crystal fiber Nd:YAG oscillator[J]. Optics Letters,2014,39(8):2236‐2239.

[2] JOHANSSON S,BJURSHAGEN S,CANALIAS C,et al. An all solid‐state UV source based on a frequency quadrupled, passively Q‐switched 946nm laser[J]. Optics express,2007,15(2):449‐458.

[3] BYKOV S V,ROPPEL R D,MAO M,et al. 228‐nm quadrupled quasi‐three‐level Nd:GdVO$_4$ laser for ultraviolet resonance Raman spectroscopy of explosives and biological molecules[J]. Journal of Raman Spectroscopy,2020,51(12):2478‐2488.

[4] D'AMICO F,ZUCCHIATTI P,LATELLA K,et al. Investigation of genomic DNA methylation by ultraviolet resonant Raman spectroscopy[J]. Journal of Biophotonics,2020,13(12):e202000150.

[5] ASAMOTO D A K,KIM J E. UV resonance Raman spectroscopy as a tool to probe membrane protein structure and dynamics [M]//KLEINSCHMIDT J H. Lipid‐protein interactions:methods and protocols. New York:Springer,2019:327‐349.

[6] SHAFAAT H S,SANCHEZ K M,NEARY T J,et al. Ultraviolet resonance Raman spectroscopy of a β‐sheet peptide:a model for membrane protein folding[J]. Journal of Raman Spectroscopy,2009,40(8):1060‐1064.

[7] LEIGH B S,MONSON K L,KIM J E. Visible and UV resonance Raman spectroscopy of the peroxide‐based explosive HMTD and its photoproducts[J]. Forensic Chemistry,2016,2:22‐28.

[8] SOSNIN E A,STOFFELS E,EROFEEV M V,et al. The effects of UV irradiation and gas plas‐

ma treatment on living mammalian cells and bacteria: a comparative approach[J]. IEEE Transactions on Plasma Science,2004,32(4):1544-1550.

[9] BUONANNO M,RANDERS-PEHRSON G,BIGELOW A W,et al. 207-nm UV light-a promising tool for safe low-cost reduction of surgical site infections. I: in vitro studies[J]. PloS One,2013,8(10):e76968.

[10] WELCH D,BUONANNO M,GRILJ V,et al. Far-UVC light: a new tool to control the spread of airborne-mediated microbial diseases[J]. Scientific Reports,2018,8(1):1-7.

[11] BUONANNO M,WELCH D,SHURYAK I,et al. Far-UVC light (222nm) efficiently and safely inactivates airborne human coronaviruses[J]. Scientific Reports,2020,10(1):1-8.

[12] 许祖彦. 深紫外全固态激光源[J]. 中国激光,2009,36(7):1619-1624.

[13] MEGURO T,CAUGHEY T,WOLF L,et al. Solid-state tunable deep-ultraviolet laser system from 198 to 300nm[J]. Optics letters,1994,19(2):102-104.

[14] SANCHEZ K M,NEARY T J,KIM J E. Ultraviolet resonance Raman spectroscopy of folded and unfolded states of an integral membrane protein[J]. The Journal of Physical Chemistry B,2008,112(31):9507-9511.

[15] BYKOV S,LEDNEV I,IANOUL A,et al. Steady-state and transient ultraviolet resonance Raman spectrometer for the 193~270nm spectral region[J]. Applied spectroscopy,2005,59(12):1541-1552.

[16] ZHAO S,CHEN G,ZHAO W,et al. All-solid-state multi-wavelength laser system from 208 to 830nm[J]. Chinese Physics Letters,2001,18(4):537.

[17] SCHAWLOW A L,TOWNES C H. Infrared and optical masers[J]. Physical Review,1958,112(6):1940.

[18] MAIMAN T H. Optical and microwave-optical experiments in ruby[J]. Physical Review Letters,1960,4(11):564:564.

[19] BASOV N G,KROKHIN O N,POPOV Y M. Production of negative temperature states in pn junctions of degenerate semiconductors[J]. Sov. Phys. JETP,1961,13(6):1320-1321.

[20] HALL R N,FENNER G E,KINGSLEY J D,et al. Coherent light emission from GaAs junctions[J]. Physical Review Letters,1962,9(9):366.

[21] NEWMAN R. Excitation of the Nd^{3+} fluorescence in $CaWO_4$ by recombination radiation in GaAs[J]. Journal of Applied Physics,1963,34(2):437-437.

[22] KEYES R J,QUIST T M. Injection luminescent pumping of $CaF_2:U_{3+}$ with GaAs diode lasers[J]. Applied Physics Letters,1964,4(3):50-52.

[23] ROSS M. YAG laser operation by semiconductor laser pumping[J]. Proceedings of the IEEE,1968,56(2):196-197.

[24] OSTERMAYER F,ALLEN R,DIERSCHKE E. Room-temperature cw operation of a $GaAs_{1-x}P_x$ diode-pumped YAG:Nd laser[J]. Applied Physics Letters,1971,19(8):289-292.

[25] DANIELMEYER H G,OSTERMAYER JR F W. Diode-pump-modulated Nd:YAG laser

[J]. Journal of Applied Physics,1972,43(6):2911-2913.

[26] BARNES N P. Diode-pumped solid-state lasers[J]. Journal of Applied Physics,1973,44(1):230-237.

[27] CONANT L C,RENO C W. GaAs laser diode pumped Nd:YAG laser[J]. Applied Optics,1974,13(11):2457-2458.

[28] ROSENKRANTZ L J. GaAs diode-pumped Nd:YAG laser[J]. Journal of Applied Physics,1972,43(11):4603-4605.

[29] CHESLER R B,SINGH S. Performance model for end-pumped miniature Nd:YAlG lasers[J]. Journal of Applied Physics,1973,44(12):5441-5443.

[30] IWAMOTO K,HINO I,MATSUMOTO S,et al. Room temperature CW operated superluminescent diodes for optical pumping of Nd:YAG laser[J]. Japanese Journal of Applied Physics,1976,15(11):2191.

[31] WASHIO K,IWAMOTO K,INOUE K,et al. Room-temperature cw operation of an efficient miniaturized Nd:YAG laser end-pumped by a superluminescent diode[J]. Applied Physics Letters,1976,29(11):720-722.

[32] STONE J,BURRUS C A. Neodymium-doped fiber lasers:room temperature cw operation with an injection laser pump[J]. Applied optics,1974,13(6):1256-1258.

[33] STONE J,BURRUS C A,DENTAI A G,et al. Nd:YAG single-crystal fiber laser:room-temperature cw operation using a single LED as an end pump[J]. Applied Physics Letters,1976,29(1):37-39.

[34] HANSON F. Laser diode transverse pumping of neodymium laser rods[C]//Conference on Lasers and Electro-Optics,Aprilzb-May1,Baltimore,Maryland,1987.

[35] KOZLOVSKY W J,NABORS C D,BYER R L. Second-harmonic generation of a continuous-wave diode-pumped Nd:YAG laser using an externally resonant cavity[J]. Optics Letters,1987,12(12):1014-1016.

[36] FAN T,BYER R. Modeling and CW operation of a quasi-three-level 946nm Nd:YAG laser[J]. IEEE Journal of Quantum Electronics,1987,23(5):605-612.

[37] RISK W P,LENTH W. Room-temperature,continuous-wave,946-nm Nd:YAG laser pumped by laser-diode arrays and intracavity frequency doubling to 473nm[J]. Optics Letters,1987,12(12):993-995.

[38] KANG L,LIN Z. Deep-ultraviolet nonlinear optical crystals:concept development and materials discovery[J]. Light:Science & Applications,2022,11(1):1-12.

[39] WENG W,ALDéN M,LI Z. Quantitative imaging of KOH vapor in combustion environments using 266nm laser-induced photofragmentation fluorescence[J]. Combustion and Flame,2022,235:111713.

[40] KOHNO K,ORII Y,SAWADA H,et al. High-power DUV picosecond pulse laser with a gain-switched-LD-seeded MOPA and large CLBO crystal[J]. Optics Letters,2020,45

(8):2351 - 2354.
[41]　HSIAO R L,CHEN Y C,HUANG M Y,et al. Innovative finding of 266 - nm laser regulating CD90 levels in SDSCs[J]. Scientific Reports,2021,11(1):1 - 7.
[42]　ZHANG C,DIVITT S,FAN Q,et al. Low - loss metasurface optics down to the deep ultraviolet region[J]. Light:Science & Applications,2020,9(1):1 - 10.
[43]　FIKRY M,TAWFIK W,OMAR M M. Investigation on the effects of laser parameters on the plasma profile of copper using picosecond laser induced plasma spectroscopy[J]. Optical and Quantum Electronics,2020,52(5):1 - 16.
[44]　CHU Y,ZHANG X,CHEN B,et al. Picosecond high - power 213 - nm deep - ultraviolet laser generation using β - BaB2O4 crystal[J]. Optics & Laser Technology,2021,134:106657.
[45]　UDREA A M,AVRAM S,NISTORESCU S,et al. Laser irradiated phenothiazines:new potential treatment for COVID - 19 explored by molecular docking[J]. Journal of Photochemistry and Photobiology B:Biology,2020,211:111997.
[46]　KAUR D,KUMAR M. A strategic review on gallium oxide based deep - ultraviolet photodetectors:recent progress and future prospects[J]. Advanced Optical Materials, 2021, 9(9):2002160.
[47]　WANG X Y,LIU L J. Research progress of deep - UV nonlinear optical crystals and all - solid - state deep - UV coherent light sources[J]. Chinese Optics,2020,13(3):427 - 441.
[48]　XIONG D,LUO J,HASSAN M R A,et al. Low - energy - threshold deep - ultraviolet generation in a small - mode - area hollow - core fiber[J]. Photonics Research,2021,9(4):590 - 595.
[49]　SHAO M,LIANG F,YU H,et al. Pushing periodic - disorder - induced phase matching into the deep - ultraviolet spectral region:theory and demonstration[J]. Light:Science & Applications,2020,9(1):1 - 8.
[50]　AZEMTSOP MATANFACK G,PISTIKI A,RöSCH P,et al. Raman ^{18}O - labeling of bacteria in visible and deep UV - ranges[J]. Journal of Biophotonics,2021,14(6):e202100013.
[51]　FOSTER M,BROOKS W,JAHN P,et al. Demonstration of a compact deep UV Raman spatial heterodyne spectrometer for biologics analysis[J]. Journal of Biophotonics,2022:e202200021.
[52]　GONZÁLEZ - ANDRADE D,PÉREZ - GALACHO D,MONTESINOS - BALLESTER M,et al. Dual - band fiber - chip grating coupler in a 300 mm silicon - on - insulator platform and 193nm deep - UV lithography[J]. Optics Letters,2021,46(3):617 - 620.
[53]　PAN T,LU D,XIN H,et al. Biophotonic probes for bio - detection and imaging[J]. Light:Science & Applications,2021,10(1):1 - 22.
[54]　OKA M,LIU L Y,WIECHMANN W,et al. All solid - state continuous - wave frequency - quadrupled Nd:YAG laser[J]. IEEE Journal of Selected Topics in Quantum Electronics,1995,1(3):859 - 866.
[55]　陈国夫,杜戈果,王贤华. LD泵浦Nd:YVO$_4$/KTP/BBO紫外激光器[J]. 光子学报,1999,28(8):684 - 687.

[56] KOJIMA T, KONNO S, FUJIKAWA S, et al. 20 – W ultraviolet – beam generation by fourth – harmonic generation of an all – solid – state laser[J]. Optics Letters, 2000, 25(1):58 – 60.

[57] 何京良, 卢兴强, 贾玉磊, 等. BBO 四倍频全固态 Nd:YVO$_4$ 紫外激光器[J]. 物理学报, 2000, 49(10):2106 – 2108.

[58] NISHIOKA M, FUKUMOTO S, KAWAMURA F, et al. Improvement of laser – induced damage tolerance in CsLiB$_6$O$_{10}$ for high – power UV laser source[C]//Conference on Lasers and Electro – Optics. Optical Society of America, 2003: CTuF2.

[59] SAKUMA J, ASAKAWA Y, OBARA M. Generation of 5 – W deep – UV continuous – wave radiation at 266nm by an external cavity with a CsLiB$_6$O$_{10}$ crystal[J]. Optics Letters, 2004, 29(1):92 – 94.

[60] WANG G, GENG A, BO Y, et al. 28.4 W 266nm ultraviolet – beam generation by fourth – harmonic generation of an all – solid – state laser[J]. Optics Communications, 2006, 259(2):820 – 822.

[61] LIU Q, LEI M, GONG M L, et al. High – energy single longitudinal mode 1 ns all – solid – state 266nm lasers[J]. Applied Physics B, 2007, 89(2):155 – 158.

[62] LIU Q, YAN X P, FU X, et al. High power all – solid – state fourth harmonic generation of 266nm at the pulse repetition rate of 100kHz[J]. Laser Physics Letters, 2008, 6(3):203.

[63] BHANDARI R, TAIRA T, MIYAMOTO A, et al. > 3MW peak power at 266nm using Nd:YAG/Cr^{4+}:YAG microchip laser and fluxless – BBO[J]. Optical Materials Express, 2012, 2(7):907 – 913.

[64] DEYRA L, MARTIAL I, BALEMBOIS F, et al. Megawatt peak power, 1kHz, 266nm sub nanosecond laser source based on single – crystal fiber amplifier[J]. Applied Physics B, 2013, 111(4):573 – 576.

[65] MENNERAT G, FARCAGE D, MANGOTE B, et al. High – efficiency, high – power frequency quadrupling to 266nm in LBO[C]//Advanced Solid State Lasers, November 16 – 21, Shanghai, China, 2014.

[66] WANG L, ZHAI N, LIU L, et al. High – average – power 266nm generation with a KBe$_2$BO$_3$F$_2$ prism – coupled device[J]. Optics Express, 2014, 22:27086 – 27093.

[67] FANG Z, HOU Z, YANG F, et al. High – efficiency UV generation at 266nm in a new nonlinear optical crystal NaSr$_3$Be$_3$B$_3$O$_9$F$_4$[J]. Optics Express, 2017, 25(22):26500 – 26507.

[68] NIKKINEN J, HÄRKÖNEN A, LEINO I, et al. Generation of sub – 100 ps pulses at 532, 355, and 266nm using a SESAM Q – switched microchip laser[J]. IEEE Photonics Technology Letters, 2017, 29(21):1816 – 1819.

[69] SAKUMA J, ASAKAWA Y, IMAHOKO T, et al. Generation of all – solid – state, high – power continuous – wave 213 – nm light based on sum – frequency mixing in CsLiB$_6$O$_{10}$[J]. Optics letters, 2004, 29(10):1096 – 1098.

[70] BYKOV S V, MAO M, GARES K L, et al. Compact solid – state 213nm laser enables standoff

deep ultraviolet Raman spectrometer: measurements of nitrate photochemistry[J]. Applied Spectroscopy,2015,69(8):895-901.

[71] CHU Y,ZHANG X,CHEN B,et al. Picosecond high-power 213-nm deep-ultraviolet laser generation using β-BaB$_2$O$_4$ crystal[J]. Optics & Laser Technology,2021,134:106657.

[72] KOCH P,BARTSCHKE J,L'HUILLIER J A. All solid-state 191.7nm deep-UV light source by seventh harmonic generation of an 888nm pumped, Q-switched 1342nm Nd:YVO$_4$ laser with excellent beam quality[J]. Optics Express, 2014, 22(11):13648-13658.

[73] JOHANSSON S,BJURSHAGEN S,CANALIAS C,et al. An all solid-state UV source based on a frequency quadrupled,passively Q-switched 946nm laser[J]. Optics Express,2007, 15(2):449-458.

[74] KIMMELMA O P,TITTONEN I,BUCHTER S C. Short pulse,diode pumped,passively Q-switched Nd:YAG laser at 946nm quadrupled for UV production[J]. Journal of the European Optical Society-Rapid Publications,2008,3:08008.

[75] DEYRA L,MARTIAL I,DIDIERJEAN J,et al. Deep-UV 236.5nm laser by fourth-harmonic generation of a single-crystal fiber Nd:YAG oscillator[J]. Optics Letters,2014,39 (8):2236-2239.

[76] KUMAR S C,CASALS J C,WEI J,et al. High-power,high-repetition-rate performance characteristics of β-BaB$_2$O$_4$ for single-pass picosecond ultraviolet generation at 266nm [J]. Optics Express,2015,23(21):28091-28103.

[77] NIKITIN D G,BYALKOVSKIY O A,VERSHININ O I,et al. Sum frequency generation of UV laser radiation at 266nm in LBO crystal[J]. Optics Letters,2016,41(7):1660-1663.

[78] RAO A S,CHAITANYA N A,SAMANTA G K. High-power,high repetition-rate,ultrafast fibre laser based source of DUV radiation at 266nm[J]. OSA Continuum,2019,2(1):99-106.

[79] DÉLEN X,DEYRA L,BENOIT A,et al. Hybrid master oscillator power amplifier high-power narrow-linewidth nanosecond laser source at 257nm[J]. Optics Letters, 2013, 38 (6):995-997.

[80] NOVÁK O,TURČIČOVÁ H,SMRŽ M,et al. Picosecond green and deep ultraviolet pulses generated by a high-power 100kHz thin-disk laser[J]. Optics Letters,2016,41(22): 5210-5213.

[81] COLE B,MCINTOSH C,HAYS A,et al. UV by the fourth harmonic generation of compact side-pumped Yb:YAG laser emission[C]//Solid State Lasers XXV:Technology and Devices. SPIE,2016,9726:414-423.

[82] GOLDBERG L,COLE B,MCINTOSH C,et al. Narrow-band 1W source at 257nm using frequency quadrupled passively Q-switched Yb:YAG laser[J]. Optics Express, 2016, 24

(15):17397-17405.

[83] XUAN H,QU C,ITO S,et al. High-power and high-conversion efficiency deep ultraviolet (DUV) laser at 258nm generation in the $CsLiB_6O_{10}$ (CLBO) crystal with a beam quality of $M^2 < 1.5$[J]. Optics Letters,2017,42(16):3133-3136.

[84] TURCICOVA H,NOVAK O,ROSKOT L,et al. New observations on DUV radiation at 257nm and 206nm produced by a picosecond diode pumped thin-disk laser[J]. Optics Express, 2019,27(17):24286-24299.

[85] LIU K,LI H,QU S,et al. 20 W,2mJ,sub-ps,258nm all-solid-state deep-ultraviolet laser with up to 3 GW peak power[J]. Optics Express,2020,28(12):18360-18367.

[86] XUAN H,ZHAO Z,IGARASHI H,et al. 300-mW narrow-linewidth deep-ultraviolet light generation at 193nm by frequency mixing between Yb-hybrid and Er-fiber lasers [J]. Optics Express,2015,23(8):10564-10572.

[87] ZHAO Z,QU C,IGARASHI H,et al. Watt-level 193nm source generation based on compact collinear cascaded sum frequency mixing configuration[J]. Optics Express,2018,26 (15):19435-19444.

[88] LÜ Y F,XIA J,WANG J G,et al. High-efficiency $Nd:GdVO_4$ laser at 1341nm under 880nm diode laser pumping into the emitting level[J]. Optics Communications,2009,282 (17):3565-3567.

[89] YU X,CHEN F,YAN R,et al. Improvement of diode-end-pumped 912nm $Nd:GdVO_4$ laser performance based on microchannel heat sink[J]. Journal of Russian Laser Research, 2009,30(4):327-337.

[90] LI X,YU X,CHEN F,et al. Laser properties of continuous-grown $Nd:GdVO_4/GdVO_4$ and $Nd:YVO_4/YVO_4$ composite crystals under direct pumping[J]. Optics Express,2009,17 (15):12869-12874.

[91] GIESEN A,SPEISER J. Fifteen years of work on thin-disk lasers:results and scaling laws [J]. IEEE Journal of selected topics in quantum electronics,2007,13(3):598-609.

[92] MARTIN W S,CHERNOCH J P. Multiple internal reflection face-pumped laser:U S Patent 3633126[P]. 1972-01-04.

[93] HANNA D C,PERCIVAL R M,PERRY I R,et al. An ytterbium-doped monomode fibre laser:broadly tunable operation from 1010 μm to 1162 μm and three-level operation at 974nm[J]. Journal of Modern Optics,1990,37(4):517-525.

[94] SHIRAKAWA A,OLAUSSON C B,CHEN M,et al. Power-scalable photonic bandgap fiber sources with 167 W,1178nm and 14.5 W,589nm radiations[C]//Advanced Solid-State Photonics. Optica Publishing Group,2010:APDP6.

[95] KURTEV S Z,DENCHEV O E,SAVOV S D. Effects of thermally induced birefringence in high-output-power electro-optically Q-switched $Nd:YAG$ lasers and their compensation[J]. Applied Optics,1993,32(3):278-285.

[96] JANG W K, YE Q, EICHENHOLZ J, et al. Second harmonic generation in Yb doped YCa$_4$O(BO$_3$)$_3$[J]. Optics Communications, 1998, 155(4-6):332-334.

[97] LIN Y Y, LIN S T, CHANG G W, et al. Electro-optic periodically poled lithium niobate Bragg modulator as a laser Q-switch[J]. Optics Letters, 2007, 32(5):545-547.

[98] LIN Y Y, LIN S T, CHANG G W, et al. Electro-optic PPLN Bragg modulator as a laser Q-switch[C]//2007 Conference on Lasers and Electro-Optics-Pacific Rim. IEEE, 2007:1-2.

[99] SALVESTRINI J P, ABARKAN M, FONTANA M D. Comparative study of nonlinear optical crystals for electro-optic Q-switching of laser resonators[J]. Optical Materials, 2004, 26(4):449-458.

[100] 王继扬, 黄林勇, 覃方丽, 等. 电光晶体研究进展及其对称性研究[J]. 物理学进展, 2012, 32(1):33-56.

[101] RAEVSKY E V, PAVLOVITCH V L. Stabilizing the output of a Pockels cell Q-switched Nd:YAG laser[J]. Optical Engineering, 1999, 38(11):1781-1784.

[102] GOODNO G D, GUO Z, MILLER R J D, et al. Investigation of β-BaB$_2$O$_4$ as a Q switch for high power applications[J]. Applied Physics Letters, 1995, 66(13):1575-1577.

[103] WANG J, YIN X, HAN R, et al. Growth, properties and electrooptical applications of single crystal La$_3$Ga$_5$SiO$_{14}$[J]. Optical Materials, 2003, 23(1-2):393-397.

[104] LI Y, WANG Q, ZHANG S, et al. A novel La$_3$Ga$_5$SiO$_{14}$ electro-optic Q-switched Nd:LiYF(Nd:YLF) laser with a Cassegrain unstable cavity[J]. Optics Communications, 2005, 244(1-6):333-338.

[105] 李燕凌, 贾凯, 顾宪松, 等. 25kHz, 约2ns声光调Q Nd:YVO$_4$激光器研究[J]. 激光技术, 2018(1):34-38.

[106] CHEN C, WU Y, JIANG A, et al. New nonlinear-optical crystal: LiB$_3$O$_5$[J]. JOSA B, 1989, 6(4):616-621.

[107] WU Y, SASAKI T, NAKAI S, et al. CsB$_3$O$_5$: a new nonlinear optical crystal[J]. Appl. Phys. Lett., 1993, 62(21):2614-2615.

[108] MORI Y, KURODA I, NAKAJIMA S, et al. New nonlinear optical crystal: cesium lithium borate[J]. Appl. Phys. Lett., 1995, 67(13):1818-1820.

[109] CHEN C, LV J, WANG G, et al. Deep ultraviolet harmonic generation with KBe$_2$BO$_3$F$_2$ crystal[J]. Chinese Physics Letters, 2001, 18(8):1081.

[110] HU Z, MORI Y, HIGASHIYAMA T, et al. K$_2$Al$_2$B$_2$O$_7$: a new nonlinear optical crystal[C]//Electro-Optic and Second Harmonic Generation Materials, Devices, and Applications II. International Society for Optics and Photonics, 1998, 3556:156-161.

[111] 罗思扬, 余金秋, 王晓洋, 等. 新型深紫外非线性光学晶体RbBe$_2$BO$_3$F$_2$的研究[J]. 人工晶体学报, 2010, 39(B06):28-30.

[112] 王晓洋, 刘丽娟. 氟硼铍酸钾晶体及深紫外全固态激光[J]. 量子电子学报, 2021, 38(2):131.

[113] HU Z G, HIGASHIYAMA T, YOSHIMURA M, et al. A new nonlinear optical borate crystal $K_2Al_2B_2O_7$ (KAB)[J]. Japanese journal of applied physics, 1998, 37(10A): L1093.

[114] ZHANG J, CUI D, LU H, et al. Structural behavior of thin $BaTiO_3$ film grown at different conditions by pulsed laser deposition[J]. Japanese Journal of Applied Physics, 1997, 36(1R): 276.

[115] AKA G, KAHN-HARARI A, VIVIEN D, et al. A new non-linear and neodymium laser self-frequency doubling crystal with congruent melting: $Ca_4GdO(BO_3)_3$ (GdCOB)[J]. European Journal of Solid State and Inorganic Chemistry, 1996, 33(8): 727-736.

[116] CHEN C, WANG Y, WU B, et al. Design and synthesis of an ultraviolet-transparent nonlinear optical crystal $Sr_2Be_2B_2O_7$[J]. Nature, 1995, 373(6512): 322-324.

第 2 章　Nd:YVO₄ 914nm 激光器理论及其热效应分析

获得 Nd:YVO₄ 准三能级系统高功率和高光束质量 914nm 连续激光输出,是高效倍频产生 228nm 深紫外激光输出的基础。Nd:YVO₄ 准三能级光系统中激光的下能级 Z_5 按照玻耳兹曼分布占 $^4I_{9/2}$ 能级粒子总数的 5%,下能级布居的粒子对 $^4F_{3/2} \rightarrow {}^4I_{9/2}$ 激光能级跃迁产生 914nm 激光存在再吸收效应[1],影响激光器的阈值功率和输出斜效率等性能。本章在理论上从稳态下的准三能级激光速率方程出发,研究了 Nd:YVO₄ 增益介质的再吸收效应、泵浦光与振荡光的模式匹配及晶体长度这些因素对 914nm 激光输出性能的影响,为激光器参数设计提供了理论依据。

在实际 LD 泵浦情况中,泵浦光和热沉对激光介质的作用是不均匀的,使得激光晶体整体的温度分布不均匀,导致介质内不同区域存在折射率差,进而产生热效应。随着泵浦功率的增加,激光晶体热效应会随之增强,对激光器整体效率和激光光束质量产生较大的影响,严重则会损伤激光晶体。因此,在 LD 泵浦固体激光器参数设计中,热效应是必须考虑的一个重要因素。从热传导方程理论出发,建立激光器模型,通过解析法求解得到 Nd:YVO₄ 准三能级系统在连续 LD 端面泵浦下,泵浦光分布为一阶平顶高斯分布时,激光晶体内部的温度分布情况;通过数值计算的方法,得到温度折射率差、应力双折射及晶体端面热膨胀这三个因素各自在激光晶体内部所产生的热焦距值,并采用平面平行谐振腔法进行实验测量。

2.1　Nd:YVO₄ 准三能级系统再吸收效应分析

2.1.1　Nd:YVO₄ 914nm 准三能级速率方程

假设激光的吸收截面和受激发射截面大小相等、泵浦光和振荡光分布均为高斯分布,将增益介质的热效应忽略,可以得到 LD 端面泵浦 $Nd:YVO_4$ 准三能级 914nm 激光稳态工作时的速率方程组[2],其表达式为

$$\frac{dN_m(r,z)}{dt} = f_m R_p r_p(r,z) - \frac{N_m(r,z) - N_m^0}{\tau_1} - \frac{f_m c\sigma[N_m(r,z) - N_n(r,z)]}{n_1}\Phi\varphi_0(r,z) \quad (2.1)$$

$$\frac{dN_n(r,z)}{dt} = -f_n R_p r_p(r,z) - \frac{N_n(r,z) - N_n^0}{\tau_1} + \frac{f_n c\sigma[N_m(r,z) - N_n(r,z)]}{n_1}\Phi\varphi_0(r,z) \quad (2.2)$$

式中:$N_m(r,z)$ 为上能级粒子数密度的分布函数;$N_n(r,z)$ 为下能级粒子数密度的分布函数;N_m^0 为热平衡状态下的上能级粒子数密度;N_n^0 为热平衡状态下的下能级粒子数密度;r 为径向坐标;z 为轴向坐标;f_m 和 f_n 分别为上能级和下能级有效粒子数的占比;τ_1 为上能级的荧光寿命;σ 为激光的受激发射截面;n_1 为激光晶体的折射率;c 为光在真空中的传播速度;R_p 为抽运速率,即在单位时间内抽运光作用于增益介质时,粒子从基态跃迁到激发态的总数,$R_p = P_p\eta_0/h\nu_p$,$\eta_0 = 1 - \exp(-\alpha l)$,$P_p$ 为泵浦功率,ν_p 为激发光的中心频率,η_0 为增益介质吸收抽运光的效率,α 为增益介质的吸收系数。

反转粒子数密度为

$$\Delta N(r,z) = N_m(r,z) - N_n(r,z)$$

根据式(2.1)和式(2.2)得到

$$\frac{d\Delta N(r,z)}{dt} = (f_m + f_n) R_p r_p(r,z) - \frac{\Delta N(r,z) - N^0}{\tau_1} - \frac{(f_m + f_n)c\sigma\Delta N(r,z)}{n_1} \times \Phi\varphi_0(r,z) \quad (2.3)$$

式中:$N^0 = N_m^0 - N_n^0$ 为热平衡状态下的上能级反转粒子数密度。

$r_p(r,z)$ 和 $\varphi_0(r,z)$ 分别为腔内抽运光和振荡光的分布函数,满足以下条件:

$$\iiint r_p(r,z)dV = 1 \quad (2.4)$$

$$\iiint \varphi_0(r,z) \mathrm{d}V = 1 \qquad (2.5)$$

假设抽运光分布是理想高斯分布，在无衍射的条件下可得到

$$r_p(r,z) = \frac{2\alpha}{\eta_0 \pi w_p^2} \exp\left(-\frac{2r^2}{w_p^2}\right) \exp(-\alpha z) \qquad (2.6)$$

式中：w_p 为抽运光的光斑半径。

假设振荡光分布也是理想高斯分布，可得到 $\varphi_0(r,z)$ 的表达式为

$$\varphi_0(r,z) = \frac{2\alpha}{\pi w_1^2 l_c^*} \exp\left(-\frac{2r^2}{w_1^2}\right) \qquad (2.7)$$

式中：w_1 为振荡光的束腰半径；l_c^* 为谐振腔的增益介质长度。

设 Φ 为谐振腔内光子的总数量，其表达式为 $\Phi = 2nl_c^* P_1/ch\nu_1$，$P_1$ 和 ν_1 分别为腔内单一方向传输的激光功率和振荡频率。Φ 随时间 t 的变化，满足以下方程：

$$\frac{\mathrm{d}\Phi}{\mathrm{d}t} = \frac{c\sigma}{n_1} \iiint \Delta N(r,z) \Phi \varphi(r,z) \mathrm{d}V - \frac{\Phi}{\tau_c} \qquad (2.8)$$

式中：τ_c 为振荡光子在谐振腔内的寿命，其计算公式为

$$\tau_c = \frac{2n_1 l_c^*}{c(L_c + T)} \qquad (2.9)$$

式中：L_c 为光子在谐振腔往返的损耗；T 为激光输出镜的透过率。

当激光稳定运转时，有

$$\frac{\mathrm{d}N_m(r,z)}{\mathrm{d}t} = \frac{\mathrm{d}N_n(r,z)}{\mathrm{d}t} = \frac{\mathrm{d}\Delta N(r,z)}{\mathrm{d}t} = \frac{\mathrm{d}\Phi}{\mathrm{d}t} = 0$$

在室温下达到热平衡时，$N_n^0 \gg N_m^0$，因此 $\Delta N^0 = N_m^0 - N_n^0 \approx -N_n^0$，得到当谐振腔内处于激光输出阈值以下时，有

$$\Delta N(r,z) = \tau_1(f_m + f_n) R_p r_p(r,z) - N_n^0 \qquad (2.10)$$

当谐振腔内的激光功率超过其输出阈值时，由式(2.10)可得

$$\iiint \Delta N(r,z) \Phi \varphi(r,z) \mathrm{d}V = \frac{n_1}{\tau_c c \sigma} \qquad (2.11)$$

此时，谐振腔内建立起激光光场，获得反转粒子数密度的表达式为

$$\Delta N(r,z) = \frac{\tau_1 f^\nabla R_p r_p(r,z) - N_n^0}{1 + \frac{c\sigma\tau_1}{n_1} f^\nabla \Phi \varphi_0(r,z)} \qquad (2.12)$$

式中:$f^\nabla = f_m + f_n$。

将 σ 乘以式(2.12)得到增益系数的表达式为

$$G(r,z) = \sigma \Delta N(r,z) = \frac{\sigma \tau_1 f^\nabla R r_p(r,z) - \sigma N_n^0}{1 + \frac{c\sigma \tau_1}{n_1} f^\nabla \Phi \varphi_0(r,z)} \quad (2.13)$$

由式(2.13)可看出,σN_n^0 项是准三能级系统的再吸收损耗,即由准三能级系统的下能级存在粒子数分布所引起。

$I_a(r,z)$ 是激光在单一方向传输的强度,经过增益介质时其强度会增加,则有

$$\frac{dI_a(r,z)}{dz} = G(r,z) I_a(r,z) \quad (2.14)$$

当增益处于未饱和状态时,有

$$\frac{dI_a(r,z)}{dz} = \frac{G_0(r,z) I_a(r,z)}{1 + 2s I_a(r,z)} \quad (2.15)$$

式中:$G_0(r,z)$ 为增益系数(小信号);s 为未饱和参数。

将式(2.15)和式(2.13)相比,并将 $I_a(r,z) = \frac{ch\nu_1}{2n_1} \Phi \varphi_0(r,z)$ 带入,得到小信号增益系数为

$$G_0(r,z) = \sigma \tau_1 f^\nabla R_p r_p(r,z) - N_1^0 \sigma \quad (2.16)$$

$$s = \frac{f^\nabla \sigma \tau_1}{h\nu_1} \quad (2.17)$$

在腔内损耗非常小的情况下,腔内振荡光往返的增益和损耗几乎相等,得到

$$\oint_{\text{round-trip}} dP_1(z) = 2\int_0^l \frac{dP_1(z)}{dz} dz = P_1(L_c + T) \quad (2.18)$$

$P_1(z)$ 是激光单一方向传输时,在 z 位置处的光功率为

$$P_1(z) = 2\pi \int_0^\infty I_0(r,z) r dr \quad (2.19)$$

式(2.18)最右边的 P_1 不包含变量 z,可知在谐振腔内损耗很低时,振荡光的增益和所在位置 z 无关,腔内振荡光功率不随 z 的变化而改变。将式(2.15)和式(2.18)进行整合,得到

$$4\pi \int_0^l \int_0^\infty \frac{G_0(r,z)I_0(r,z)}{1+2sI_0(r,z)} r\,\mathrm{d}r\,\mathrm{d}z = P_1(L_c+T) \tag{2.20}$$

将 $I_0(r,z)$ 和 $G_0(r,z)$ 的表示式代入式(2.20),得到

$$4\pi \int_0^l \int_0^\infty \frac{\left[\dfrac{2\alpha\sigma\tau_1 P_p f^\nabla}{\pi h\nu_p w_p^2}\exp\left(-\dfrac{2r^2}{w_p^2}\right)\exp(-\alpha z) - \sigma N_n^0\right]\dfrac{2}{\pi w_1^2 l_c^*}\exp\left(-\dfrac{2r^2}{w_1^2}\right)}{1+\dfrac{2f^\nabla c\sigma\tau_1 \Phi}{\pi n_1 w_1^2 l_c^*}\exp\left(-\dfrac{2r^2}{w_1^2}\right)} \times$$

$$\frac{ch\nu_1 \Phi}{2n_1} r\,\mathrm{d}r\,\mathrm{d}z = P_1(L_c+T) \tag{2.21}$$

下面定义一些参数。

泵浦光光斑半径与振荡光束腰半径比值:

$$a = \frac{w_p}{w_1} \tag{2.22}$$

径向位置的平方与泵浦光光斑半径平方比:

$$x = \frac{2r^2}{w_p^2} \tag{2.23}$$

增益介质再吸收损耗与谐振腔内固定损耗比值:

$$B = \frac{2N_n^0 \sigma_0 l_0}{(L_c+T)} \tag{2.24}$$

谐振腔内振荡光功率的归一化变量:

$$S = \frac{2c\sigma\tau_1 \Phi}{\pi w_1^2 l_c^*} \tag{2.25}$$

抽运光功率的归一化变量:

$$F = \frac{4P_p \tau_1 \sigma \eta_0}{\pi h\nu_p w_1^2 (L_c+T)} \tag{2.26}$$

将式(2.22)~式(2.26)定义的参数带入式(2.21),得到

$$f^\nabla F \int_0^\infty \frac{\left[\exp(-x) - \dfrac{Ba^2}{f^\nabla F}\right]\exp(-a^2 x)}{1+f^\nabla S\exp(-a^2 x)}\mathrm{d}x = 1 \tag{2.27}$$

对式(2.27)进行求解,得到

$$F = \frac{1 + \dfrac{B}{f^{\triangledown} S} \ln(1 + f^{\triangledown} S)}{f^{\triangledown} \int_0^{\infty} \dfrac{\exp[-(a^2+1)x]}{1 + f^{\triangledown} S \exp(-a^2 x)} \mathrm{d}x} \qquad (2.28)$$

2.1.2 再吸收效应与阈值功率

当 $S=0$ 时,结合式(2.26)和式(2.28),考虑增益介质对抽运光的吸收效率 $\eta_0 = 1 - \exp(-\alpha l_0)$,求解得到激光阈值功率表示式为

$$P_{\mathrm{t}} = \frac{\pi h \nu_{\mathrm{p}} w_1^2 (1 + a^2)(1 + B)(L_{\mathrm{c}} + T)}{4 \sigma \tau_1 \eta_0 f^{\triangledown}} \qquad (2.29)$$

通过对式(2.29)进行分析可得,准三能级系统的激光阈值功率 P_{t} 和抽运光光斑半径与振荡光束腰半径的比值 a 成正比,通过优化调整光学耦合系统参数和调试激光谐振腔,可以降低 a 值,进而使 P_{t} 下降。此外,P_{t} 还正比于激光谐振腔的固定损耗、再吸收损耗和耦合输出镜的透过率;而与上能级荧光寿命 τ_1、激光发射截面 σ、对泵浦光的吸收效率 η_0,以及上能级和下能级有效粒子数的比值之和 $f^{\triangledown}$ 成反比。基于激光阈值功率与再吸收损耗成正比,从式(2.24)可知,再吸收损耗与增益介质的长度及掺杂浓度成正比关系,因此仅从降低激光阈值功率方面考虑,需要尽可能地选用长度较短和掺杂浓度较低的激光增益介质。然而,激光阈值功率同时与泵浦光的吸收效率成反比。从式(2.29)可知,泵浦光的吸收效率又与激光晶体长度及其掺杂浓度成正比。因此,存在激光增益介质长度及其掺杂浓度参数,使阈值功率值最小。

将表 2.1 列出的 Nd:YVO$_4$ 准三能级系统的主要参数带入式(2.29)进行数值计算,得到 914nm 激光阈值功率与泵浦光和振荡光光斑半径之比 a 的变化关系,如图 2.1 所示。当再吸收损耗 B 值不变时,914nm 激光阈值功率随 a 值增大而增大,尤其是 B 取较大值时其变化关系越明显。在相等的 a 值下,914nm 激光阈值功率随 B 值增大而增大,尤其是 a 取较大值时其增加量越大。从上述理论计算结果可得到:在 a 取 1.0、B 分别为 1.0 和 2.0 的条件下,得到 914nm 激光阈值功率为 5.4W 和 8.1W,因此再吸收损耗效应严重影响 Nd:YVO$_4$ 914nm 激光阈值功率;在 B 取 1.0 时,随着 a 值的不断增大至 2.0,激光阈值功

率从5W随之增大到22W。由此可见,a值对Nd:YVO$_4$914nm激光阈值功率的影响也较大。因此,优化激光晶体参数和a值能有效抑制再吸收损耗,进而使激光阈值功率降低,提高914nm激光输出效率。

表2.1 Nd:YVO$_4$准三能级连续激光器模拟选取的主要参数

参量名称	符号	单位	Nd:YVO$_4$
激光晶体摩尔质量	m	g/mol	204.4
下能级粒子数和基态之比	f_1		0.5055
上能级粒子数和激发态之比	f_2		0.049
密度	ρ	g/cm^3	4.22
折射率	n		1.973
上能级寿命	τ	μs	100
@808nm 处的吸收系数	α	cm^{-1}	1.53.
激光发射截面	σ	cm^2	4.8×10^{-20}
激光晶中抽运光光斑半径	w_p	μm	200
振荡光光斑半径	w_l	μm	200
谐振腔内的固定损耗	L		0.01
耦合输出镜透过率	T		0.06

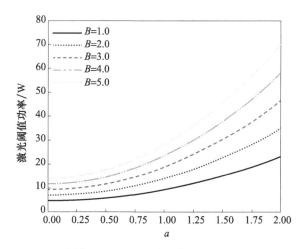

图2.1 B取不同值时,914nm阈值功率随a的变化关系(见彩图)

2.1.3 再吸收效应与斜效率

将式(2.28)进行微分变换,得到谐振腔内振荡光斜效率的表达式[2]:

$$\frac{dS}{dF} = \frac{1 + \dfrac{B}{f^{\triangledown}S}\ln(1+f^{\triangledown}S)}{f^{\triangledown 2}F^2\displaystyle\int_0^{\infty}\frac{\left[\exp(-x)-\dfrac{Ba^2}{f^{\triangledown}S}\right]\exp(-2a^2x)}{[1+f^{\triangledown}S\exp(-a^2x)]^2}dx} \quad (2.30)$$

即 dS/dF 表示增益介质有效吸收的抽运光转变为腔内振荡光的效率;若 dS/dF 等于1,则表示增益介质对所吸收的抽运光能量的有效利用率达到100%,其全部反转粒子数通过受激方式形成腔内振荡光;如 dS/dF 小于1,则说明增益介质所吸收的抽运光能量,其中有部分转变为热量或自发辐射,其原因是抽运光光斑半径和谐振腔内振荡光光斑半径的尺寸比值没有达到最佳值。当 $1/a^2$ 取整数值时,式(2.28)有解析解,对于任意 a 值,式(2.28)没有解析解,但是都存在数值解。在抽运功率固定,即 F 值不变时,通过求解式(2.28)可得腔内振荡光光功率归一化变量 S。由此,进一步得到外部斜效率 dP_{out}/dP_p 的表达式为

$$\frac{dP_{out}}{dP_p} = \frac{T}{L+T}\frac{v_l}{v_p}\eta_0\frac{dS}{dF} \quad (2.31)$$

当泵浦光和振荡光光斑半径之比值 a 固定时,根据式(2.31)可以计算得到,在不同再吸收损耗值 B 下,914nm 激光外部斜效率 dP_{out}/dP_p 和泵浦光功率 P_p 的变化关系曲线如图 2.2 所示。

从图 2.2 可以看出,无论 a 和 B 取何值,914nm 激光外部斜效率均随着泵浦功率的增加而增加。相比大泵浦功率,在低泵浦功率下的不同 B 值对外部斜效率变化影响较大,其原因是当在较低的泵浦功率时,即没有达到激光输出阈值阶段,腔内没有建立起光振荡,再吸收损耗没有达到饱和,随着泵浦功率不断增加,超过激光阈值功率,腔内增益也不断增加,再吸收损耗也随之变饱和状态,因此不同 B 值对外部斜效率的变化影响变小了。另外,取任意 a 值,在泵浦功率相等时,

914nm 激光外部斜效率与 B 值成反比关系,其原因是准三能级系统的下能级存在对光子的再吸收,致使增益介质有效提供的光子数变少。因此,有效抑制再吸收效应的影响,是激光器参数设计和调试所需考虑的一个重要因素。

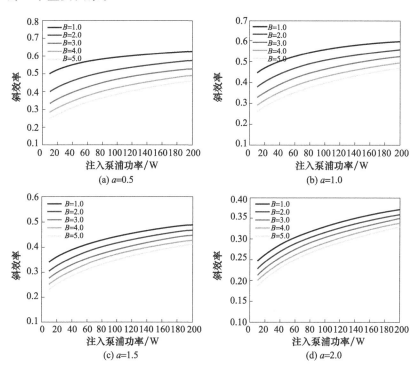

图 2.2 在固定的 a 值和不同的 B 值下,914nm 激光外部斜效率和泵浦功率的变化关系(见彩图)

为了研究泵浦光和振荡光光斑半径之比值 a 与再吸收效应影响的关系,在 B 值分别取 1.0、2.0、3.0 和 4.0 时,分别对应 a 值 0.5~2.0,根据式(2.31)计算,得到 914nm 激光外部斜效率与注入泵浦光功率的变化关系,如图 2.3 所示。

从图 2.3 可看出,无论 a 和 B 取何值,914nm 激光外部斜效率都随着泵浦功率的增加而增加,且呈现一直增长的趋势,该结论与图 2.2 的结论一致。另外,从图 2.3(a)~(d)都可以看出,不同泵浦光和振荡光

光斑半径之比值 a 对 914nm 激光外部斜效率的影响较大。从理论计算看,当 a 值在 1.0 左右时,914nm 激光外部斜效率值较大。因此在调试激光器过程中,会存在一个 a 值,可以有效抑制再吸收效应的影响,获得较高的外部斜效率。

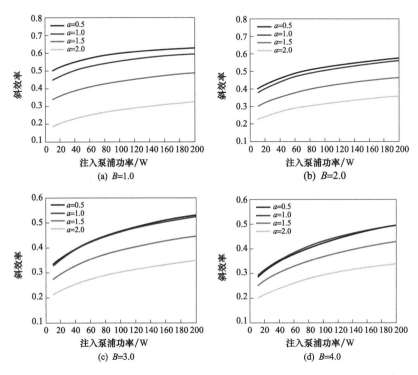

图 2.3 在固定的 B 值和不同的 a 值下,914nm 激光外部斜效率和泵浦功率的变化关系(见彩图)

2.1.4 Nd:YVO$_4$晶体参数设计

从上述理论计算分析得到,再吸收损耗比值 B 对激光阈值功率和输出斜效率有一定的影响;而从式(2.24)可看出,B 值的表达式中包含有增益介质的长度和掺杂浓度,因此,增益介质的长度和掺杂浓度的选取也会影响激光阈值功率和输出斜效率。将表 2.1 列出的主要参数带入准三能级激光的阈值功率表达式(2.29)和外部斜效率表达式(2.31),采用计算机进行数值计算,得到 Nd:YVO$_4$ 晶体长度与 914nm 激光阈值功率及其输出功率的关系,如图 2.4 和图 2.5 所示。在上述计算中,掺 Nd^{3+} 浓度采用 0.1%,以减小热效应的影响。

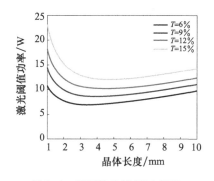

图 2.4　不同输出镜透过率下,激光晶体长度与激光器阈值的关系(见彩图)

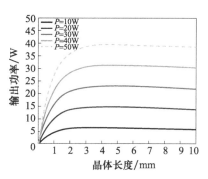

图 2.5　不同泵浦功率下,激光晶体长度与输出功率的关系(见彩图)

从图 2.4 可以看出,在不同 914nm 激光输出镜的透过率下,Nd:YVO$_4$ 晶体的长度范围为 3~4mm 时,914nm 激光阈值功率最低。从图 2.5 可以看出,在低抽运功率下,晶体长度在 3~4mm 时,914nm 激光输出功率可达到最高。随着抽运功率增大,使输出功率达到最高的晶体长度有变长的趋势,虽然其增加量不是很明显,但从获得最大激光功率输出方面考虑,这里采用 Nd:YVO$_4$ 晶体的长度为 5mm。

2.2　Nd:YVO$_4$ 晶体热透镜效应

2.2.1　Nd:YVO$_4$ 晶体性能

在建立 LD 端面泵浦固体激光器模型研究热效应中,采用的增益介质是 Nd:YVO$_4$ 晶体,因此下面列出 Nd:YVO$_4$ 晶体的各项性能参数,从而降低理论仿真与实际之间的误差,确保理论分析结果的合理性和准确性。Nd:YVO$_4$ 晶体的各项参数如表 2.2 所列。

表 2.2　Nd:YVO$_4$ 晶体的各项性能及建模用参数

热、物、化和光性能及建模用参数	Nd:YVO$_4$
密度	4220 kg/m^3
比热容 c	246 J/(kg·K)
热传导系数 K	5.23 W/(m·K)
折射率 n_0	1.958
晶体吸收系数 α	4.1 cm^{-1}
热光系数 dn/dt	3.0 × 10^{-6} K^{-1}
热膨胀系数（a 轴）	4.4 × 10^{-6} K^{-1}
荧光寿命	100 μs
致热系数 η_{heat}	20%
泵浦功率 P_{in}	40 W
晶体长度 l	5 mm
弹光系数	0.017
弹性模量	133 GPa
泊松比	0.33
泵浦光斑半径 w_p	300 μm

2.2.2　LD 泵浦源光场分布特性

通常情况下，LD 泵浦光分布可分为两种模型：基模高斯分布和平顶高斯分布。基于采用不同分布模型得到的计算结果存在差异，我们在对介质内部温度场分布进行计算时，需要和这两种分布模型进行对比分析，进而选用与泵浦源光场实际分布最为接近的分布模型来进行仿真计算，以减少建模仿真和实际之间的误差。

1. 基模高斯光束

基模高斯光束[3]（TEM$_{00}$）是激光器中的一种数学模型，是最基本的，被广泛使用。下面将对基模高斯光束的性质进行介绍和讨论。沿 Z 方向传播时，其表达式通常为

$$E_0(r,z) = \frac{c}{w(z)} \exp\left[-\frac{r^2}{w(z)^2}\right] \exp\left\{-i\left[k\left(z + \frac{r^2}{2R}\right) - \arctan\frac{z}{f}\right]\right\} \quad (2.32)$$

式中:c 为常数,其他符号的物理含义如下:

$$\begin{cases} r^2 = x^2 + y^2 \\ k = \dfrac{2\pi}{\lambda} \\ w(z) = w_0\sqrt{1 + (z/f)^2} \\ R = R(z) = z\left[1 + \left(\dfrac{z}{f}\right)^2\right] = z + \dfrac{f^2}{z} \\ f = \dfrac{\pi w_0^2}{\lambda}, w_0 = \sqrt{\sqrt{\dfrac{\lambda f}{\pi}}} \end{cases} \quad (2.33)$$

式中:w_0 为光束束腰半径,在光束中任何位置的光斑半径中,w_0 值最小;$w(z)$ 为光束等相位面在传播方向上与 Z 轴相交于点 z 处的光斑半径;$R(z)$ 为高光束等相位面在传播方向上与 Z 轴相交于点 z 处的曲率半径;f 为共焦参数。上述光束中的物理参数所对应关系,如图 2.6 所示。

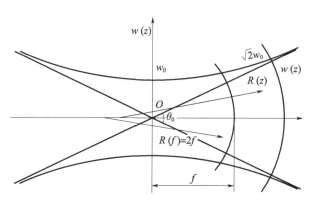

图 2.6 基模高斯光束传输特性

由式(2.32)和式(2.33)中所表示的自由空间中基模高斯光束的传播行为,对其进行总结,可得到以下几点特性。

(1)基模高斯光束沿 Z 轴方向传输,在与 Z 轴垂直的横截面上,其光场振幅分布是高斯型,即在中心位置处的振幅值最大,向四周均匀下降分布。位于最大振幅的 $1/e$ 值所对应的位置,将该处的光斑半径定义为基模高斯光的光斑半径,其表达式为

$$w(z) = w_0 \sqrt{1 + \left(\frac{\lambda z}{\pi n w_0^2}\right)^2} \qquad (2.34)$$

(2)基模高斯光束的相位因子,可表示为

$$\phi(r,z) = k\left(z + \frac{r^2}{2R}\right) - \arctan\frac{z}{f} \qquad (2.35)$$

式(2.35)为在自由空间中光束传播时的相位特征,即光在传输时,在空间中任意位置 (x,y,z) 和传输起点 $(0,0,0)$ 位置之间的相位差。在式(2.35)中:kz 表示光传播过程的几何相移;$\arctan(z/f)$ 表示光在传输方向上传播长度为 z 时,在几何相移的基础上附加的相移;另外,$kr^2/2R$ 表示的相移只与横坐标 (x,y) 相关,因此光束的等相位面是一个半径为 $R(z)$ 的球面,可表示为

$$R(z) = z\left[1 + \left(\frac{\pi n w_0^2}{\lambda z}\right)^2\right] \qquad (2.36)$$

(3)定义束腰半径的发散角为光束的远场发散角,可得到其表达式为

$$\theta_0 = \lim_{z \to \infty} \frac{2w(z)}{z} = 2\frac{\lambda}{\pi w_0} = 1.128\sqrt{\frac{\lambda}{f}} \qquad (2.37)$$

综上所述,由式(2.32)和式(2.33)可知,如得到光束束腰半径 w_0 所在位置及其大小,即可计算出在空间中传输的基模高斯光束的分布特性。而 w_0 所在位置及其大小可通过式(2.34)和式(2.36)来确定,可表示如下:

$$w_0 = w(z)\left[1 + \left(\frac{\pi n w(z)^2}{\lambda R(z)}\right)^2\right]^{-1/2} \qquad (2.38)$$

$$z = R(z)\left[1 + \left(\frac{\lambda R(z)}{\pi n w(z)^2}\right)^2\right]^{-1} \qquad (2.39)$$

2. 平顶高斯光束

光束沿 Z 轴方向传输,在与 Z 轴垂直的横截面上,其光场振幅分布并不是标准的高斯分布,其中心分布呈现平顶型,向四周缓慢下降,

类似钟形分布的形状,即平顶高斯光束。在起初建模研究时,是通过超高斯光束模型[4]来描述平顶高斯光束的,即

$$E(r,0) = \exp\left[-\left(\frac{r}{w_N}\right)^N\right] \quad (2.40)$$

式中:N 为超高斯光束的阶数;w_N 为束腰半径。当 $N=2$ 时,光束是经典的高斯光束。通过式(2.40)可以看出,这种描述平顶高斯光束光场分布的方式是比较简便的,但是在研究其传播特性时,过程较复杂,计算量较大。

基于上述问题,1994 年,Gori 提出新的平顶高斯光场分布表达式替换上述模型,即

$$E(r,0) = \exp\left[-\frac{(N+1)r^2}{w_n^2}\right] \sum_{n=0}^{N} \frac{1}{n!} \left[\frac{N+1}{w_n^2}r^2\right]^n \quad (2.41)$$

式中:N 为平顶高斯光束的阶数;w_N 为束腰半径。

光场分布表达式由若干个 Hermite – gaussian 和 Laguerre – Gaussian 模的和组成,在对光场的传输特性进行计算时,其计算过程得到极大简化,减小了研究工作量。另外,式(2.41)可以得到:当 N 取 0 时,平顶高斯光就是经典的高斯光束;当 N 变大时,其光场的平顶特性一般会越来越明显,若 $N\to\infty$,光场分布则变为柱形分布。

3. 实际泵浦的光场分布

为了更好地仿真实验时增益介质内部产生的热效应,降低理论结果与实际情况的偏差值,首先对所用的泵浦光光场分布进行测量,并与上述基模和平顶两种高斯光的光强分布进行对比,确定所用泵浦光分布的实际理论模型。LD 发射光经光纤输出并经光学耦合变换后,采用 Thorlabs 公司狭缝式光束质量分析仪测量得到其光斑图像如图 2.7 所示。图 2.8 是垂直于光传输方向的光束横截面在径向方向上的光强随光斑半径变化的曲线。

在进行计算时,首先需要研究基模、一阶平顶和二阶平顶高斯光分布,确认与本研究用泵浦光最为接近的光场分布模型,以作为后续计算增益介质内部热效应用的泵浦光源模型,它们对应的光场表达式如下:

$$E_{00}(x,y) = \exp\left(-\frac{x^2+y^2}{w_p^2}\right) \quad (2.42)$$

$$E_{01}(x,y) = e^{-\frac{2(x^2+y^2)}{w_p^2}} \cdot \left(1 + \frac{2(x^2+y^2)}{w_p^2}\right) \tag{2.43}$$

$$E_{02}(x,y) = e^{-\frac{3(x^2+y^2)}{w_p^2}} \cdot \left(1 + \frac{3(x^2+y^2)}{w_p^2} + \frac{1}{2}\left(\frac{3(x^2+y^2)}{w_p^2}\right)^2\right) \tag{2.44}$$

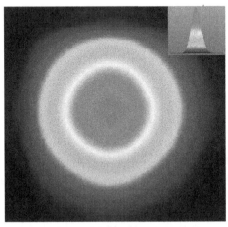

图 2.7　LD 输出光斑(见彩图)

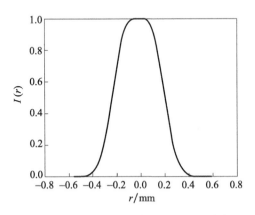

图 2.8　径向方向 LD 输出光光强度分布

相对应的光强分布公式如下：

$$I_{00}(x,y) = \exp\left(-2\frac{x^2+y^2}{w_p^2}\right) \quad (2.45)$$

$$I_{01}(x,y) = e^{-\frac{4(x^2+y^2)}{w_p^2}} \cdot \left(1 + \frac{2(x^2+y^2)}{w_p^2}\right)^2 \quad (2.46)$$

$$I_{02}(x,y) = e^{-\frac{6(x^2+y^2)}{w_p^2}} \cdot \left(1 + \frac{3(x^2+y^2)}{w_p^2} + \frac{1}{2}\left(\frac{3(x^2+y^2)}{w_p^2}\right)^2\right)^2 \quad (2.47)$$

通过上面的计算,可得到 LD 泵浦光与基模、一阶平顶和二阶平顶高斯光以光斑中心位置处沿光斑半径方向上的光强分布,如图 2.9 所示。

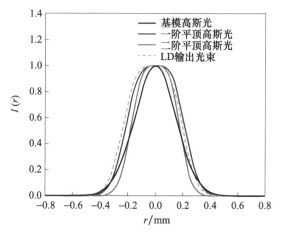

图 2.9 LD 输出光与不同模式高斯光强度分布对比(见彩图)

由图 2.9 可以看出,本研究用泵浦光光强分布与一阶平顶高斯光最为接近,在后续计算热效应时,选用一阶平顶高斯光模型来表示 LD 输出的泵浦光分布,进而降低理论模型与实际之间的偏差。

4. 实验条件下增益介质热功率密度分布

由上述理论计算和实验测量结果对比可以得到,这里采用一阶平顶高斯分布作为实际泵浦光光场分布模型,经光纤传输和光学耦合系统进入增益介质后,增益介质所吸收热量和泵浦光功率成正比,得到增益介质内的热功率密度分布为[5]

$$q_v(r,z) = \frac{2\alpha P_h}{\pi w_p^2 [1-\exp(-\alpha l)]} \exp\left(-\frac{2r^2}{w_p^2}\right) \exp(-\alpha z) \quad (2.48)$$

式中:α 为增益介质对泵浦光的吸收系数;w_p 为泵浦光的光斑半径;l 为增益介质长度;$P_h = \eta_{heat}\eta_\alpha P_{in}$ 为增益介质内部的总热功率,其中 P_{in} 为增益介质的泵浦光功率,$\eta_\alpha = 1-\exp(-\alpha l)$ 为增益介质吸收泵浦光效率[6],η_{heat} 为致热系数。

将表 2.2 的参数带入式(2.48),通过数值模拟计算可得 Nd:YVO$_4$ 晶体的热功率密度分布,如图 2.10 所示。其主要分布在晶体端面,中心位置值最大,向四周减小。

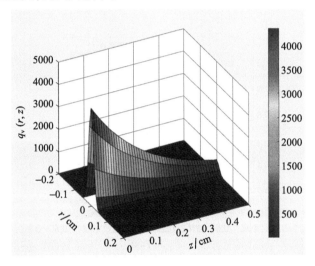

图 2.10 LD 泵浦功率为 40W 时 Nd:YVO$_4$ 晶体的热功率分布(见彩图)

2.2.3 激光晶体内部的温度场分布

本书以 LD 端面泵浦棒状 Nd:YVO$_4$ 激光器为例,来计算增益介质内部温度场分布。为了方便计算,增益介质采用柱状模型。在计算过程中,首先需要明确以下两点:①增益介质内部的热功率密度分布;②增益介质外部的散热情况。这两点分别对应了热传导方程及边界条件,利用解析法对热传导方程进行求解,并结合激光晶体的边界温度来研究和分析晶体内部的温度场分布。计算所用模型如图 2.11 所示。

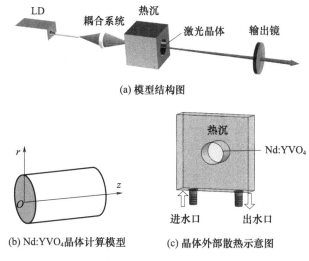

(a) 模型结构图

(b) Nd:YVO₄晶体计算模型　(c) 晶体外部散热示意图

图 2.11　LD 端面泵浦 Nd:YVO₄激光器结构简图

图 2.11 中,LD 泵浦光波长是 808nm,经光纤传输及光学耦合系统后,聚焦进入 Nd:YVO₄晶体,LD 耦合光纤纤径是 400μm,数值孔径是 0.22。Nd:YVO₄晶体的掺杂浓度为 0.1%,其对应泵浦光 808nm 波段的吸收系数为 $4.1cm^{-1}$,晶体长度是 5mm,直径是 4mm。采用钢箔片包裹激光晶体,然后放置到铜热沉中,通过精准的机械设计,确保激光晶体与热沉能够充分接触,达到散热效果,热沉温度保持在 25℃。

在计算 Nd:YVO₄晶体内部温度分布时,首先对激光晶体内部温度影响较小的因素进行近似处理,进而简化计算过程,具体包括如下几点。

(1)采用 LD 端面泵浦结构激光器,激光晶体两个端面直接与空气接触,侧面和热层充分接触,晶体通过端面利用空气对流传导出的热量要远远小于晶体侧面通过热层传导散热的方式,因此在计算过程中,忽略晶体两端面的散热,将其当作绝热层。在本章中,仅考虑激光晶体在轴向方向上对泵浦光的吸收和晶体从径向方向上传导的热量,忽略激光晶体在轴向方向上的散热能力。

(2)相比激光增益介质自身的导热能力,紫铜热沉的导热系数要大很多,对于增益介质边界温度计算时,本书忽略增益介质与紫铜热沉之间不同区域的接触程度存在差异导致增益介质表面存在温度分布不均匀的情况,增益介质边界温度将使用紫铜热沉温度来代替。

(3)对于激光增益介质的所有性能参数,将温度变化会导致增益介质性能变化的情况忽略,计算用增益介质性能参数仅是对应室温下的值。

假设激光增益介质是各向同性的轴对称晶体,采用水冷方式冷却晶体侧表面,采用柱坐标系表示热传导方程为[7]

$$\frac{\partial^2 T}{\partial r^2} + \frac{1}{r}\frac{\partial T}{\partial r} + \frac{\partial^2 T}{\partial z^2} = -\frac{q_v(r,z)}{k(T)} \quad (2.49)$$

晶体侧面热边界条件为

$$\begin{cases} r = 0, \dfrac{\partial T}{\partial r} = 0 \\ r = r_0, -k\dfrac{\partial T}{\partial z}\bigg|_{r=r_0} = h_1(T(r,z) - T_c) \end{cases} \quad (2.50)$$

晶体端面散热边界条件为

$$\begin{cases} -K\dfrac{\partial T}{\partial z}\bigg|_{z=0} = h_2(T - T_0) \\ K\dfrac{\partial T}{\partial z}\bigg|_{z=l} = h_2(T - T_0) \end{cases} \quad (2.51)$$

式(2.49)~式(2.51)中:T为增益介质内部温度;$q_v(r,z)$为增益介质内部热密度函数;z为轴向坐标;r为径向坐标(如图2.11(b)所示,坐标起点在增益介质的泵浦端面);$k(T)$为增益介质的热传导系数;h_1和h_2分别为增益介质和冷却液与空气之间的热传导系数,当温度在300K时,$h_1 = 0.02\text{W}/(\text{cm}^2 \cdot \text{K})$,$h_2 = 0.0002624\text{W}/(\text{cm}^2 \cdot \text{K})$。

将增益介质内部热功率密度分布式(2.48)、侧面热边界条件式(2.50)和端面散热条件式(2.51),代入热传导方程式(2.49),得到增益介质内部温度分布函数$T(r,z)$[8]表达式为

$$T(r,z) = T_0 + \frac{\alpha \eta_{\text{heat}} P_{\text{in}}}{4\pi k}\exp\sum_{m=1}^{\infty}\frac{(-1)^m}{m \times m!}\left(\frac{2}{w_p^2}\right)^m(r^{2m} - r_0^{2m}) \quad (2.52)$$

将表2.2 Nd:YVO$_4$晶体的各项性能及建模用参数带入晶体内部温度分布函数表达式(2.52),当LD泵浦功率在40W时,通过采用计算

机进行数值计算可以得到,Nd:YVO₄激光晶体端面温度分布及其内部温度分布情况,如图2.12和图2.13所示。

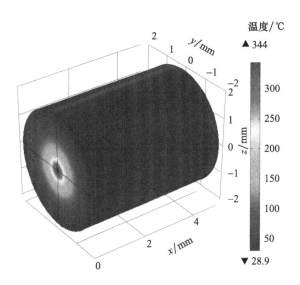

图2.12　LD泵浦功率为40W时Nd:YVO₄晶体端面温度分布(见彩图)

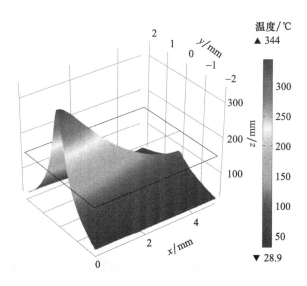

图2.13　LD泵浦功率为40W时Nd:YVO₄晶体内部温度分布(见彩图)

从图 2.12 和图 2.13 可以看出,大部分泵浦光能量被 $Nd:YVO_4$ 激光晶体泵浦端所吸收,晶体内部热量主要集中在泵浦面中心位置处,导致 $Nd:YVO_4$ 激光晶体在径向方向上的温度梯度非常大。

综上对 LD 端面泵浦 $Nd:YVO_4$ 激光器为例建模研究可以得到:激光晶体吸收的泵浦光仅一部分有效转换成激光输出,剩余部分转换为热量沉积在晶体中;在端面泵浦结构激光器中,因为泵浦结构的限制,激光晶体仅能通过其侧表面进行有效冷却;晶体冷却不均匀以及其内部吸收泵浦光热量分布不均匀,这两个因素共同引起增益介质内部温度分布不均,导致介质内部折射率分布出现差异,产生的光学效应类似于透镜,因此称为热透镜效应[9],严重影响了激光器的光束质量和整体效率。激光增益介质的热透镜效应一直是 LD 泵浦固体激光器的研究热点之一。

2.2.4　$Nd:YVO_4$ 晶体中热透镜焦距理论计算与实验测量

激光晶体的热透镜焦距是激光谐振腔设计时所需考虑的一个重要参数,主要由以下三个方面组成:①激光晶体内部存在温度折射率差产生的热透镜焦距 f_{th};②激光晶体应力双折射产生的热透镜焦距 $f_{r,\theta}$;③激光晶体端面热膨胀产生的热透镜焦距 f_e。

下面分别对这三方面各自产生的透镜焦距值进行计算,并分析各自在总的热透镜焦距中所占的比重,最后通过开展实验测量激光晶体的热透镜焦距,用于对比验证理论计算分析结果。

1. 温度折射率差产生的热透镜焦距

在泵浦功率较低时,介质热应力较小,所以其端面产生的形变也非常小,激光增益介质折射率随温度梯度的变化 dn/dT 是产生热透镜效应的主要因素,下面对其产生过程进行分析,并由此计算 $Nd:YVO_4$ 晶体的温度折射率差产生的热透镜焦距随 LD 泵浦功率的变化关系。激光光束经过等效晶体的热透镜,其相位变化如图 2.14 所示。

在图 2.14 中,f 为等效晶体热透镜焦距,F 为焦点,r 为等效晶体的热透镜半径,Δ 为在半径 r 处的光程差,由图 2.14 中的三角关系可得到光程差 Δ 为

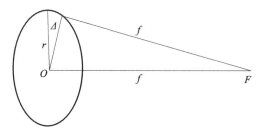

图 2.14 等效热透镜的相位变化图

$$\Delta = \sqrt{r^2 + f^2} - f \approx \left(f + \frac{r^2}{2f}\right) - f = \frac{r^2}{2f} \qquad (2.53)$$

将 r 进行幂级数展开,并取前两项可得其相位变化表达式为

$$\Delta\phi_f = \phi(r) - \phi(0) = kr^2/2f \qquad (2.54)$$

式中:k 为振荡光波数,$k = 2\pi/\lambda$。

则光穿过激光增益介质的总相位位移可表示为

$$\Delta\phi(r) = \int_0^l k\Delta n(r,z)\,\mathrm{d}z \qquad (2.55)$$

式中:l 为激光增益介质长度;$\Delta n(r,z)$ 为折射率变化,可表示为

$$\Delta n(r,z) = n(r,z) - n(0,z) \qquad (2.56)$$

温度梯度产生的折射率随温度梯度变化的关系为

$$\Delta n = (r,z) = [T(r,z) - T(0,z)]\frac{\mathrm{d}n}{\mathrm{d}T} = \Delta T_\mathrm{m}(r,z)\frac{\mathrm{d}n}{\mathrm{d}T} \qquad (2.57)$$

介质内部温度分布为

$$\Delta T(r,z) = \frac{\alpha P_\mathrm{ph}\exp(-\alpha z)}{4\pi k} \times \left[\ln\left(\frac{r_h^2}{r^2}\right) + E_1\left(\frac{2r_h^2}{w_\mathrm{p}^2}\right) - E_1\left(\frac{2r^2}{w_\mathrm{p}^2}\right)\right]$$

$$(2.58)$$

式中:P_ph 为转化为热量的部分泵浦光功率;α 为激光增益介质对抽运光的吸收系数;w_p 为抽运光的光斑半径。

将式(2.55)、式(2.57)和式(2.58)代入式(2.54),可得到温度梯度折射率变化产生的等效热焦距公式[9]:

$$f_\mathrm{th} = \frac{\pi K w_\mathrm{p}^2}{P_\mathrm{ph}\dfrac{\mathrm{d}n}{\mathrm{d}T}}\left(\frac{1}{1 - \exp(-(al))}\right) \qquad (2.59)$$

式中:$\mathrm{d}n/\mathrm{d}T$ 为激光增益介质折射率随其温度的变化率;K 为增益介质的热传导系数;l 为激光增益介质长度。

将表 2.2 $\mathrm{Nd:YVO_4}$ 晶体的各项性能及建模用参数代入式(2.59)进行数值计算,可得到 $\mathrm{Nd:YVO_4}$ 激光晶体由温度梯度折射率变化产生的等效热透镜焦距随注入泵浦光功率的变化关系,如图 2.15 所示。

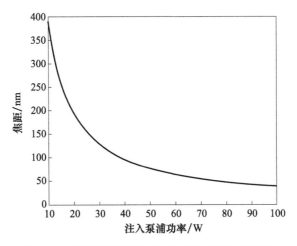

图 2.15 温度梯度折射率变化产生的等效热焦距

2. 热应力双折射产生的热透镜焦距

激光增益介质中温度分布不均匀会引起热应力,通过光弹效应使增益介质的折射率发生改变,使介质由原来各向同性的特性转变为各向异性,进而产生双折射,或者使各向异性介质的原有双折射特性发生改变,这种效应称为应力双折射。

由 LD 端面泵浦激光器结构中,激光晶体内部温度分布式(2.52)可得

$$T(r,z) - T(0,z) = (T(r,z) - T(r_b,z)) + (T(r_b,z) - T(0,z))$$
$$= \Delta T(r,z) - \Delta T(0,z)$$
$$= \frac{\alpha P_{\mathrm{ph}} \exp(-\alpha z)}{2\pi K_c} \times \frac{-r^2}{w_\mathrm{p}^2} \quad (2.60)$$

即

$$T(r,z) = T(r_0,z) + \frac{\alpha P_{\mathrm{ph}} \exp(-\alpha z)}{2\pi K_c} \times \frac{(r_0^2 - r^2)}{w_\mathrm{p}^2} \quad (2.61)$$

端面泵浦结构中增益介质的折射率变化为

$$\Delta n(r,z)_s = \Delta n(r,z)_{r,\varphi} = -\frac{1}{2}n_0^3 \frac{\alpha_0}{K_c} C_{r,\varphi} \frac{2\alpha P_{ph}\exp(-\alpha z)}{\pi w_p^2} r^2 \tag{2.62}$$

相位变化为

$$\Delta\phi(r) = -\frac{2\pi}{2\lambda} n_0^3 \frac{a_0}{K_c} C_{r,\varphi} \frac{2p_{ph}(1-\exp(-al))}{\pi w_p^2} r^2 \tag{2.63}$$

得到热应力双折射产生的等效热透镜焦距为

$$f_{r,\theta} = \frac{\pi w_p^2}{n_0^3 \dfrac{\alpha_0}{K_c} C_{r,\varphi} 2P_{ph}(1-\exp(-\alpha l))} \tag{2.64}$$

式中:$C_{r,\varphi}$为增益介质径向和切向两个方向上的光弹系数。

将表 2.2 Nd:YVO₄ 晶体的各项性能及建模用参数代入式(2.64)进行数值计算,可得到 Nd:YVO₄ 激光晶体由应力双折射产生的等效热透镜焦距随注入泵浦光功率的变化关系,如图 2.16 所示。

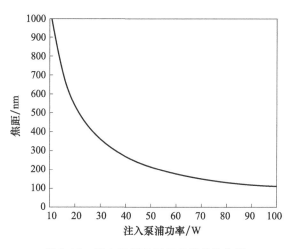

图 2.16 应力双折射引起的等效热焦距

3. 晶体端面形变产生的热透镜焦距

从式(2.48)端面泵浦激光器结构中增益介质内部的热功率密度分布表达式可以得到,泵浦光斑中心能量密度最大,向四周逐渐减小。

由于泵浦光引起介质温度分布不均匀,导致晶体端面发生形变,位于泵浦光斑中心位置处凸出程度最大,以泵浦光斑为中心向四周的凸出程度逐渐减小;另外,由于激光晶体侧面通过紫铜热沉进行散热,其导热量远远比晶体两端面通过空气对流大。在这两方面的共同作用下,激光晶体端面发生不均匀凸出形变,产生类似透镜效果。采用柱坐标系研究端面形变产生的热透镜效应焦距,建立晶体模型如图 2.17 所示。

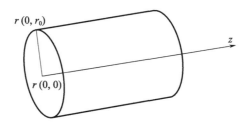

图 2.17 研究端面形变用模型

需要明确的是,晶体端面形变范围不是整个晶体,而是晶体端面泵浦光区域所发生的形变,这个形变区域的尺寸长度约为晶体半径 r。晶体端面发生的长度变化量为

$$\Delta l(r,z) = a_0 l_0 [T(r,z) - T(0,z)] = a_0 r_0 [T(r,z) - T(0,z)] \tag{2.65}$$

$$\Delta l(r) = \int_0^{r_0} a_0 r_0 [T(r,z) - T(0,z)] \mathrm{d}z \tag{2.66}$$

晶体端面温差表达式为

$$\begin{aligned} T(r,z) - T(0,z) &= (T(r,z) - T(r_b,z)) + (T(r_b,z) - T(0,z)) \\ &= \Delta T(r,z) - \Delta T(0,z) \\ &= \frac{\alpha P_{ph} \exp(-\alpha z)}{2\pi K_c} \times \frac{-r^2}{w_p^2} \end{aligned} \tag{2.67}$$

将式(2.67)带入式(2.66),可进一步得到晶体端面发生的长度变化量表达式为

$$\Delta l(r) = \frac{a_0 r_0 P_{ph}(1 - \exp(-\alpha r_0))}{2\pi K_c} \times \frac{-r^2}{\sigma_p^2} \tag{2.68}$$

由式(2.68)可知,产生形变的晶体端面形状是抛物面,基于晶体尺寸较小,其抛物面可等效为球面,令 R 为球面的曲率半径,可得到 R

的表达式为

$$R = \frac{\pi K_c \omega_p^2}{a_0 r_0 P_{ph}(1-\exp(-\alpha r_0))} \quad (2.69)$$

由薄透镜公式可得到晶体端面形变产生的等效热焦距表达式为

$$f_e = R/2(n_0-1) = \frac{\pi K_c w_p^2}{a_0 r_0 p_{ph}(1-\exp(-\alpha r_0))2(n_0-1)} \quad (2.70)$$

式中：a_0 为激光增益介质的膨胀系数；n_0 为折射率。

将表 2.2 Nd:YVO$_4$ 晶体的各项性能及建模用参数代入式（2.70）进行数值计算，可得到 Nd:YVO$_4$ 激光晶体由端面形变引起的等效热焦距随注入泵浦功率的变化关系，如图 2.18 所示。

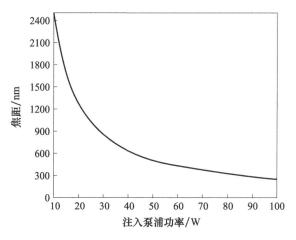

图 2.18 端面形变引起的等效热焦距

4. 理论计算三种热透镜焦距与实验测量比较

根据薄透镜组合透镜焦距公式，将三种热焦距组合，可得综合热透镜焦距[10]：

$$f = \frac{1}{1/f_e + 1/f_{r,\theta} + 1/f_{th}}$$

$$= \frac{\pi K_c w_p^2}{P_{ph}} \cdot \frac{1}{1-\exp(-\alpha l)\dfrac{dn}{dT} + (1-\exp(-\alpha l)2n_0^3 a_0 C_{r,\phi}) + (1-\exp(-\alpha r_0)a_0 r_0 2(n_0-1))}$$

$$(2.71)$$

由式(2.71)可知,晶体热焦距与泵浦光功率及其光斑大小有关系,随泵浦光功率增加而减小,随泵浦光斑尺寸增大而增大。将表 2.2 Nd:YVO$_4$ 晶体的各项性能及建模用参数代入式(2.71)计算,可得综合热透镜焦距,再通过对比得到,温度梯度折射率变化产生的热透镜焦距在热透镜效应中占主导因素,占比约为 85%,与文献报道结果一致[11]。

热透镜焦距在激光谐振腔参数设计中是必须要考虑的一个重要参数,因此进一步通过实验测量 Nd:YVO$_4$ 晶体产生的热透镜焦距,以验证理论仿真的准确性。常用的测试方法有探测光束、衍射和平面平行谐振腔法等[12]。其中,平面平行谐振腔法是通过谐振腔稳定性条件来测量热透镜焦距,即谐振腔处在稳区时,输出的激光功率随泵浦光功率增加而增加,同时晶体的热透镜焦距值随着减小,当输出光功率产生突变时,由谐振腔稳定性条件可知,此时热透镜焦距和谐振腔腔长度基本相等,由此可得热透镜焦距值。该方法测试过程简单,操作便捷,有利于保护激光晶体,故本实验采用平面平行谐振腔法测量热透镜焦距,实验装置如图 2.19 所示。抽运源是最大输出功率为 110W 的光纤耦合 LD 阵列,通过温度调节,使 LD 抽运光中心波长与 Nd:YVO$_4$ 的中心吸收波长重合,经过准直聚焦系统汇聚成半径均为 300μm 的抽运光斑注入 Nd:YVO$_4$ 晶体中,耦合系统由两个曲率半径 $R=10$mm 的平凸镜和一个偏振片组成。Nd:YVO$_4$ 晶体中 Nd^{3+} 的掺杂原子分数为 0.1%,尺寸为 4mm×4mm×5mm,左端镀 808nm、1064nm 增透膜和 914nm 高反膜,右端面镀 914nm、1064nm 和 1342nm 增透膜。在激光晶体的侧面裹上一层铟箔,安装在紫铜热沉上,通过循环水冷机进行温度控制,温度控制精度保持在 ±0.1℃。平面镜 M 作为输出镜,一面镀 914nm 部分增透膜和 1064nm、1342nm 增透膜,另一面镀 914nm、1064nm 和 1342nm 增透膜;采用上述激光晶体和镜片的镀膜参数,是为了避免四能级系统 1064nm 和 1342nm 激光起振。为确保通过实验验证理论计算的科学性,实验用激光系统测量热透镜焦距的参数与上述理论计算用的参数保持一致。在不同的泵浦光功率下,得到的热透镜焦距值如图 2.20 所示,热透镜焦距值随泵浦光功率增加而减小。

第 2 章　Nd:YVO₄ 914nm 激光器理论及其热效应分析

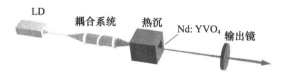

图 2.19　实验测量热透镜焦距装置图

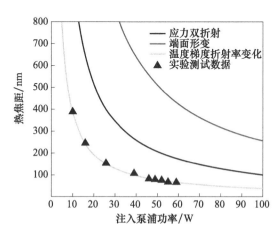

图 2.20　三种等效热透镜焦距的理论计算与实验测量比较（见彩图）

从图 2.20 可以看出，实验测量的热透镜焦距数据与温度梯度折射率变化引起的热透镜焦距值相吻合。因此，在后续的实验中，Nd:YVO₄ 晶体产生的热透镜焦距值，将忽略应力双折射与端面形变引起的热透镜效应，仅采用温度梯度折射率变化引起的热透镜焦距值。

2.3　小结

本章首先研究了再吸收效应对 Nd:YVO₄ 准三能级系统 914nm 激光输出性能的影响。从准三能级稳态运转速率方程组出发，求解得到包含再吸收效应的 914nm 激光阈值和斜效率表达式，并对其进行了分析。结果表明，当泵浦光与振荡光光斑尺寸比值 a 固定时，随着再吸收效应增大，914nm 激光输出阈值随之增大，输出斜效率随之减小。这是由于再吸收损耗越大，激光下能级粒子数越多，使 914nm 谱线的净增益减小，因此，导致激光阈值增大而输出斜效率降低；并根据理论分析结果提出了有效抑制再吸收效应影响的一个重要措施，即优化泵浦光与振荡光光斑尺寸比。另外，通过理论计算分析了 $Nd:YVO_4$ 晶体长度与 914nm 连续激光阈值和输出功率的关系，确定了 $Nd:YVO_4$ 晶体参数。

为获取 $Nd:YVO_4$ 晶体产生的热透镜焦距，以热传导理论为出发点，建立全固态激光器模型，讨论 $Nd:YVO_4$ 准三能级系统在 LD 连续泵浦条件下，泵浦光分布为一阶平顶高斯分布时，通过数值计算的方法，研究了温度折射率差、应力双折射及晶体端面热膨胀这三个因素各自对增益介质内部热透镜效应所产生的影响，并采用平面平行谐振腔法实验测量热焦距与理论计算值进行对比。结果表明，温度折射率差引起的热效应占主导地位，其原因是抽运光和散热分别直接作用于增益介质的中心位置和侧面，使得增益介质在径向方向上存在较大的温度差。另外，实验测量 $Nd:YVO_4$ 晶体产生的热透镜焦距与通过计算得到温度梯度折射率差产生的热透镜焦距值相吻合，表明本章所建模型和计算方法科学准确，可用于后续计算 $Nd:YVO_4$ 晶体热透镜焦距。

参考文献

[1] FAN T, BYER R. Modeling and CW operation of a quasi-three-level 946nm Nd:YAG laser [J]. IEEE Journal of Quantum Electronics, 1987, 23(5): 605-612.

[2] RISK W P. Modeling of longitudinally pumped solid-state lasers exhibiting reabsorption losses[J]. JOSA B, 1988, 5(7): 1412-1423.

[3] 周炳琨, 高以智, 陈倜嵘, 等. 激光原理[M]. 4 版. 北京: 国防工业出版社, 2002.

[4] PARENT A, MORIN M, LAVIGNE P. Propagation of super-Gaussian field distributions[J]. Optical and quantum electronics, 1992, 24(9): S1071-S1079.

[5] FAN T Y, BYER R L. Diode laser-pumped solid-state lasers[J]. IEEE Journal of Quantum Electronics, 1988, 24(6): 895-912.

[6] 姚建铨, 徐德刚. 全固态激光及非线性光学频率变换技术[M]. 北京: 科学出版社, 2007.

[7] 姚仲鹏, 王瑞君. 传热学[M]. 2 版. 北京理工大学出版社, 2003.

[8] 张玲, 杨少辰, 路绪鹏, 等. LD 端面泵浦 Nd:YAG 激光器的热效应研究[J]. 北京交通大学学报, 2002, 26(6): 45-47.

[9] INNOCENZI M E,YURA H T,FINCHER C L,et al. Thermal modeling of continuous – wave end – pumped solid – state lasers[J]. Applied Physics Letters,1990,56(19):1831 – 1833.

[10] 石顺祥,张海兴,刘劲松. 物理光学与应用光学[M]. 西安:西安电子科技大学出版社,2000.

[11] 杨永明,文建国,王石语,等. LD 端面泵浦 Nd:YAG 激光器中的热透镜焦距[J]. 光子学报,2005,34(12):4.

[12] LI S,LI Y,ZHAO S,et al. Thermal effect investigation and passively Q – switched laser performance of composite Nd:YVO$_4$ crystals[J]. Optics & Laser Technology, 2015, 68:146 – 150.

第 3 章　声光调 Q 技术与 V 形谐振腔设计

914nm 激光的脉冲宽度是影响其倍频产生 228nm 激光效率的一个关键因素。本章从速率方程组出发建立声光调 Q 理论模型,分析了影响输出激光脉冲宽度的因素,并通过数值计算方法,研究了声光调 Q 914nm Nd:YVO$_4$ 激光器的上下能级粒子数、脉冲宽度和单脉冲能量与泵浦光功率和重复频率的关系,为激光器谐振腔设计和调试提供了方向。

谐振腔对激光器能量转换效率和输出光束质量具有很大影响,因此在固体激光器的研发搭建过程中,光学谐振腔设计是至关重要。对于本书采用的三镜折叠 V 形谐振腔,首先研究了其设计的解析特性,并提出利用热效应对光束质量自冷控制技术设计谐振腔,即在谐振腔设计过程中,没有从缓解激光晶体热效应的角度出发,而是有效地利用其热透镜效应对泵浦光和振荡光的作用设计谐振腔参数,使泵浦光和振荡光获得较好的模式匹配,进而克服了 Nd:YVO$_4$ 准三能级系统存在严重热透镜效应的问题。

3.1　声光调 Q 技术

3.1.1　声光调 Q 激光脉冲特性理论分析

对于声光调 QLD 端面泵浦固体激光器,将抽运光激励和自发辐射忽略,此外,谐振腔损耗具有阶跃性突变特性,在激光增益介质的上能级反转粒子数密度均匀分布,且腔内振荡光的光子数密度也是均匀分布的情况下,速率方程可表示为[1]

$$\frac{\mathrm{d}\Delta n}{\mathrm{d}t} = -2\sigma_\mathrm{e}\left(\frac{lc}{L_\mathrm{e}}\right)\Delta n\phi \tag{3.1}$$

$$\frac{d\phi}{dt} = \sigma_e \left(\frac{lc}{L_e}\right)\Delta n\phi - \chi\left(\frac{c}{L_e}\right)\phi \tag{3.2}$$

$$\chi = 1 - \xi\sqrt{RR_1}\,e^{-\zeta l} \tag{3.3}$$

式中：χ 为谐振腔的损耗因子；ξ 为激光光子在腔内的单程透过率；R 为输出镜对振荡光的反射率；R_1 为前腔镜对振荡光的反射率；σ_e 为激光晶体的受激发射截面。

联立式(3.1)和式(3.2)，得到

$$\frac{d\phi}{d\Delta n} = \frac{1}{2}\left(\frac{\chi}{\sigma_e l\Delta n} - 1\right) \tag{3.4}$$

令 Δn_u 为激光上能级的初始反转粒子数密度，Δn_d 为输出脉冲激光后上能级剩余的反转粒子数，在 $\Delta n_u \gg \Delta n_d$ 的情况下，得到 $\phi(\Delta n_u) = 0$ 和 $\phi(\Delta n_d) = 0$，并利用式(3.4)，得到 Δn_u 与 Δn_d 之间的关系表达式为

$$\Delta n_d = \Delta n_u e^{-l\sigma_e \Delta n_u/\chi} \tag{3.5}$$

在脉冲激光建立之前的阶段，在 LD 激励源连续抽运的作用下，增益介质上能级得以积累大量粒子数，这阶段激光上能级反转粒子数密度随时间的变化可表示为[2]

$$\frac{d\Delta n}{dt} = KP_p - \frac{\Delta n}{\tau_1} \tag{3.6}$$

式中：P_p 为泵浦光功率；K 为和泵浦效率相关的系数，$K = \eta_0 \Delta n_t/\tau_1 P_t$，其中 P_t 为阈值功率，Δn_t 为激光阈值功率时上能级的反转粒子数密度，η_0 为激光增益介质吸收泵浦光的效率。

当 $\Delta n_u \gg \Delta n_d$ 时，求解式(3.6)，得到 Δn_u 的表达式为

$$\Delta n_u = K\tau_1 P_p(1 - e^{-1/f\tau}) \tag{3.7}$$

式中：f 为声光 Q 器的调制频率，也是输出激光的重复频率。

由此可得到声光调 Q 输出激光的单脉冲能量表达式：

$$E_o = (\Delta n_u - \Delta n_d)h\nu V\sigma_a \tag{3.8}$$

式中：V 为通过受激辐射产生振荡光的有效激光增益介质体积，$V = \pi\overline{w}^2 lb$，$\overline{w}$ 为增益介质内部的振荡光光斑平均半径，b 为增益介质内振荡光和泵浦光的光斑尺寸比；σ_a 为输出激光能量与激光谐振腔内的振荡光光子能量比，其表达式为

$$\sigma_{\mathrm{a}} = \frac{\ln R}{\ln \xi^2 + \ln R + \ln R_1 + 2\zeta l} \tag{3.9}$$

激光输出平均功率 P_{aver} 可表示为

$$P_{\mathrm{aver}} = E_{\mathrm{o}} f \tag{3.10}$$

激光输出脉宽 $\Delta \tau_{\mathrm{p}}$ 可表示为

$$\Delta \tau_{\mathrm{p}} = \frac{2l_{\mathrm{e}}/c}{1 - \ln R - \xi} \frac{\Delta n_{\mathrm{u}} - \Delta n_{\mathrm{d}}}{\Delta n_{\mathrm{u}} - \Delta n_{\mathrm{d}} \left(1 + \ln \frac{\Delta n_{\mathrm{u}}}{\Delta n_{\mathrm{d}}}\right)} \tag{3.11}$$

从式(3.11)可以看出,激光输出脉宽与谐振腔腔长 l_{e} 成正比,与腔内单程损耗 ξ 成反比,因此可通过缩短谐振腔腔长和增大损耗来减小激光脉冲的输出宽度。但是,激光输出损耗也不能太大,否则会导致阈值反转粒子数密度 Δn_{t} 的值增大,进而不能很快地建立下一个脉冲激光,使脉冲下降沿变宽。图3.1为在一定条件下计算得到的输出激光脉宽 Δt 与 $\Delta n_{\mathrm{u}}/\Delta n_{\mathrm{d}}$ 的关系。由图可以看出,随着 $\Delta n_{\mathrm{u}}/\Delta n_{\mathrm{d}}$ 比值增大,Δt 值下降得很快,其原因是,$\Delta n_{\mathrm{u}}/\Delta n_{\mathrm{d}}$ 比值越大,腔内激光净增益就越大,进而建立光场的时间就越短,因此激光输出脉宽也就越窄。因此,调试激光器应提高泵浦速率以增大 Δn_{u} 的值,同时优化激光模式匹配以减小 Δn_{d} 的值,这样可减小激光输出脉宽。另外,激光振荡模式的稳定性和光束质量对于实现激光输出脉宽也有一定的影响,因为采用声光主动调Q,模式好的振荡光可以提高声光Q介质的衍射效率,降低声波渡越时间,进而使激光输出脉冲宽度减小。

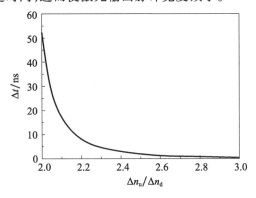

图3.1 脉冲宽度 Δt 与 $\Delta n_{\mathrm{u}}/\Delta n_{\mathrm{d}}$ 的变化关系

3.1.2 声光调 Q 914nm Nd:YVO₄ 激光输出性能仿真

为了研究声光调 Q914nm Nd:YVO₄ 激光器的激光输出性能,下面分别对激光上能级初始反转粒子数 Δn_u 和剩余反转粒子数 Δn_d,以及激光输出脉冲能量 E_o 和脉宽 $\Delta \tau_p$ 与激励源泵浦光功率及声光 Q 开关调制频率的关系进行理论模拟。表 3.1 列出了声光调 Q914nm Nd:YVO₄ 激光器的主要参数。

表 3.1 声光调 Q 914nm Nd:YVO₄ 激光器的主要参数

参量名称	符号	单位	取值
激光晶体散射损耗	δ	cm^{-1}	0.02
声光 Q 介质折射率	n_Q		1.75
激光晶体折射率	n		1.958
激光晶体上能级寿命	τ_1	μs	100
激光晶体的长度	l	cm	0.5
谐振腔有效腔长	L_e	cm	5.0
输出镜反射率	R		0.88
前端镜反射率	R_1		1
激光单程透过率	ξ		0.98
基频光束腰半径	w	μm	250
腔内振荡激光转变成激光输出的占比	σ_a		0.86
泵浦光吸收率	η_0		0.871

当声光 Q 开关调制频率 f 设定为 10kHz 时,模拟计算了 Δn_u、Δn_d 随泵浦光功率 P_p 的变化关系,如图 3.2 所示。

从图 3.2 中曲线的变化趋势可以看出,Δn_u 随着 P_p 的增加呈现线性增长;在开始泵浦时,Δn_d 随 P_p 的增加而增加,当 P_p 进一步增大,Δn_d 随之以指数形式下降,由此可推导出,随着 P_p 增加,获得的激光增益不断增加。因此,输出的激光脉冲能量会随之增加,而脉冲宽度随之减小。根据式(3.8)和式(3.11),模拟计算得到声光调 Q 914nm 激光输出的单脉冲能量 E_o 和脉宽 $\Delta \tau_p$ 随 P_p 的变化关系,如图 3.3 所示。

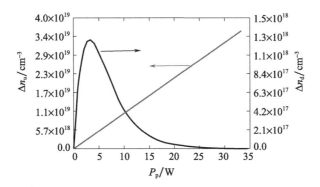

图 3.2　Δn_u 和 Δn_d 与泵浦光功率 P_p 的变化关系

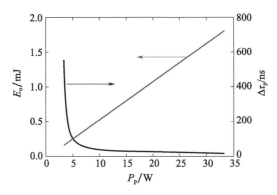

图 3.3　E_o 和 $\Delta \tau_p$ 与泵浦光功率 P_p 的变化关系

从图 3.3 可以看出,随着注入泵浦光功率 P_p 的增加,914nm 激光输出的单脉冲能量 E_o 呈现出线性增长,而脉宽 $\Delta\tau_p$ 在 P_p 较小时急剧减小,但随着 P_p 继续增大,$\Delta\tau_p$ 变缓慢减小。通过计算模拟,声光调 Q 914nm Nd:YVO$_4$ 激光器输出性能的变化规律与上一节对声光 Q 激光器理论分析的结果一致。

声光调 Q 开关的调制频率 f 是影响输出脉冲激光性能的一个重要因素。当 P_p = 30W 时,计算得到 Δn_u 和 Δn_d 随频率 f 的变化关系,如图 3.4 所示。

从图 3.4 可以看出,Δn_d 随着频率 f 的增大而增加,但是 Δn_u 却随着频率 f 的增大呈指数形式减小,其原因是在较高的 f 下,脉冲之间的时间间隔太短,以至于激光晶体上能级没有充分积累反转粒子数。因此,随着 f 的增加,获得的激光增益不断减小,输出激光的脉冲能量 E_o 会随之减小,而脉冲宽度 $\Delta\tau_p$ 则随之增大。E_o 和 $\Delta\tau_p$ 与频率 f 的变化关系如图 3.5 所示,随着 f 的增加,E_o 和 $\Delta\tau_p$ 随之呈指数减小和增大。

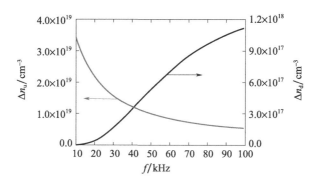

图 3.4　Δn_u 和 Δn_d 随频率 f 的变化关系

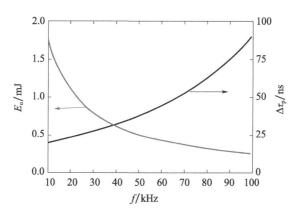

图 3.5　E_o 和 $\Delta\tau_p$ 与重复频率 f 的变化关系

综上所述,为了获得窄脉宽,除了优化谐振腔参数,还要提高泵浦速率和优化重复频率。

3.2 V形谐振腔参数设计

3.2.1 谐振腔设计的解析特性

由激光产生原理可知,激励源泵浦激光介质产生粒子数反转仅仅是为实现受激辐射提供必要条件,奠定产生激光的基础。然而,欲获得高功率和高光束质量的激光输出,必须选择和优化设计合适的激光谐振腔,进而将激光增益介质中的上能级粒子数高效地转换成激光振荡输出。因此,激光谐振腔的选取和设计是激光器研究中一个非常重要的问题。在固体激光器中,激光谐振腔起着正反馈、选择模式和耦合输出激光的作用。通常情况下,在固体激光器谐振腔选取时,首先考虑以下几点。

(1)激光谐振腔是影响激光器能量提取效率 η_1 的主要因素,选择合适的谐振腔结构并优化其参量,可获得高的 η_1,进而提高激光器整机效率 η。

(2)激光谐振腔也是影响激光输出光束质量的一个因素。通常情况下,获得高激光输出功率,同时具有高光束质量,是矛盾的。因此,在激光谐振腔选取时,需要从输出功率的要求和激光增益介质类型出发,选择合适的谐振腔结构,这样可以同时兼顾激光输出功率和光束质量。

(3)通常在实际应用中,机械振动和热扰动会引起激光谐振腔光腔失调,影响激光器输出性能。所以,需要研究对机械振动和热扰动不敏感的光学谐振腔。

(4)LD端面泵浦固体激光器中存在的热效应,包括热透镜、端面形变、应力双折射及退偏等,这也是在激光器研究中必须考虑的因素。因此,需考虑热透镜,研究谐振腔的动态工作稳定性、热致激光晶体端面形变及晶体应力双折射等问题。

J. Steffen 等提出了热(动态)稳定腔,即在该激光谐振腔结构中激光晶体产生的热焦距对晶体的震荡光光斑半径影响不大。V. Magni 等深入研究了灯泵浦固体激光器的谐振腔热特性,得到在热稳定状态下,激光晶体中的振荡光光斑半径和谐振腔的热稳定区呈反比关系。然而，对于 LD 端面泵浦激光器结构，与灯泵浦不同，LD 泵浦光仅聚焦在激光晶体中的一个很小的体积区域，因此，泵浦光与振荡光的模式匹配是获得高效输出激光的首要条件。

另外，在设计激光谐振腔时，通常还需要考虑以下几点。

(1) 在激光器运转时产生的热透镜焦距 f 值的变化过程中，激光谐振腔中的振荡光光斑半径 w 随之缓慢且平稳地变化；同时，谐振腔稳定系数 g_1g_2 在 0.5 左右，以确保激光器运转的稳定性。

(2) 对于折叠腔（在内腔倍频的情况下）存在像散，振荡光在激光晶体和倍频晶体处的束腰半径 w_{01} 和 w_{02} 在弧矢面与子午面内相差不宜太大，而且耦合输出镜上的光斑半径可以补偿像散。

(3) 在 f 为无穷大时，谐振腔也应处于比较稳定区内，这样可使激光阈值降低，同时有利于起初调试激光器。

(4) 总的腔长应适当缩短，以减小衍射损耗及失调灵敏度。

(5) 腔镜和晶体端面上的光斑尺寸不宜太小，以免损伤膜层。

通常情况下，在激光谐振腔结构中，直腔最为简单，但在直腔中同时插入调 Q 开关和倍频晶体等元器件，获得的输出效率较低。对于腔内倍频，倍频晶体上振荡光束腰半径越小，基波获得的倍频效率就越高；但是聚焦点的光斑尺寸也不能太小了，通常存在一个最佳聚焦函数。对 LBO 和 KTP 倍频晶体处聚焦点的最佳光斑半径尺寸为几十微米，此时激光晶体处振荡光光斑半径约在几百微米内；采用简单的直腔是不能同时满足上述两个条件的。因此，1972 年，H. W. Logelnik 提出了折叠腔结构，将激光晶体和其他光学元件放在不同的谐振腔分臂中。1988 年，Maker 报道了 LD 泵浦三镜折叠腔结构的全固态激光器。三镜折叠腔分臂各有一个束腰，将激光晶体和倍频晶体放在不同的分臂中，可以完全满足腔内倍频要求的条件，并且光路上实现振荡光往返倍频和单向输出，提高了基波的倍频效率；同时倍频光没有经过激光晶体，避免了产生额外的热效应。折叠腔是驻波腔，并且三镜折叠腔镜通常在离轴位置下工作，因而产生像散，因此三镜折叠腔镜也是像散腔。下面将通过采用等价腔和传输矩阵法来研究三镜折叠腔的光束传输特性及其稳定性条件。

利用光线传输矩阵方法来计算激光器谐振腔的各个参数，对于折叠腔,通常采用包含凸透镜的等效直腔来进行计算。三镜折叠 V 形腔的等价直腔结构如图 3.6 所示。其中,将三镜折叠 V 形腔的输出镜曲率半径 R_2 等效于直腔中薄透镜 M_{p2} 的焦距 f_{p2},激光增益介质产生的热透镜焦距等效于凹面镜 M_{p1} 的曲率半径 R_1。通过计算等价直腔的各参量,即可直接应用于三镜折叠 V 形腔的参数设计中。

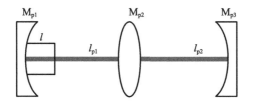

图 3.6 三镜折叠 V 形腔的等价直腔结构

l_{p1} 为 M_{p1} 和 M_{p2} 镜之间的距离,l_{p2} 为 M_{p3} 与 M_{p2} 镜之间的距离,l 为激光增益介质长度,R_{p1}、R_{p2} 和 R_{p3} 分别表示 M_{p1}、M_{p2} 和 M_{p3} 镜的曲率半径,曲率半径和焦距关系为 $R_{px} = 2f_{px}$,总腔长 $l^* = l_{p1} + l_{p2}$,以 M_{p1} 镜为参考面,则光束在腔内的单程传输变换矩阵为

$$M_0 = \begin{bmatrix} a & b \\ c & d \end{bmatrix} = \begin{bmatrix} 1 & l_{p2} \\ 0 & 1 \end{bmatrix} \begin{bmatrix} 1 & 0 \\ -\dfrac{1}{f_{p2}} & 1 \end{bmatrix} \begin{bmatrix} 1 & l_{p1} - l \\ 0 & 1 \end{bmatrix} \begin{bmatrix} 1 & \dfrac{l}{n} \\ 0 & 1 \end{bmatrix}$$

$$= \begin{bmatrix} 1 - \dfrac{l_{p2}}{f_{p2}} & \dfrac{l}{n} + l_{p1} - l - \dfrac{l_{p2}l}{f_{p2}n} - \dfrac{l_{p2}(l_{p1}-l)}{f_{p2}} \\ -\dfrac{1}{f_{p2}} & -\dfrac{l}{f_{p2}n} - \dfrac{l_{p1}-l}{f_{p2}n} \end{bmatrix} \quad (3.12)$$

因此,光束在腔内往返传输的变换矩阵为

$$M = \begin{bmatrix} a_1 & b_1 \\ c_1 & d_1 \end{bmatrix} = M_0^{-1} \begin{bmatrix} 1 & 0 \\ -\dfrac{2}{R_{p3}} & 1 \end{bmatrix} M_0 \begin{bmatrix} 1 & 0 \\ -\dfrac{2}{R_{p1}} & 1 \end{bmatrix} \quad (3.13)$$

式(3.13)通过进一步计算,可得到 a_1、b_1、c_1 和 d_1 的表达式为

$$a_1 = b\left(c - \dfrac{2d}{R_{p1}}\right) + \left(a - \dfrac{2b}{R_{p1}}\right)\left(d - \dfrac{2b}{R_{p3}}\right) \quad (3.14)$$

$$b_1 = bd + b\left(d - \dfrac{2b}{R_{p3}}\right) \quad (3.15)$$

$$c_1 = a\left(c - \frac{2d}{R_{p1}}\right) + \left(a - \frac{2b}{R_{p1}}\right)\left(c - \frac{2a}{R_{p3}}\right) \tag{3.16}$$

$$d_1 = ad + b\left(c - \frac{2a}{R_{p3}}\right) \tag{3.17}$$

若 g 参数的表达式为

$$g_{p1} = a - \frac{b}{R_{p1}} \tag{3.18}$$

$$g_{p2} = d - \frac{b}{R_{p3}} \tag{3.19}$$

则激光振荡的稳定性条件为

$$0 < g_{p1}g_{p2} > 1 \tag{3.20}$$

分臂 M_{p1} 与 M_{p2} 间的振荡光束腰半径为

$$w_{p1}^2 = \pm \frac{\lambda b}{\pi} \cdot \frac{\sqrt{g_{p1}g_{p2}(1 - g_{p1}g_{p2})}}{g_{p1} + a^2 g_{p2} - 2a g_{p1}g_{p2}} \tag{3.21}$$

以 M_{p1} 镜为参考,振荡光束腰位置的表达式为

$$l_{p1} = \frac{b g_{p2}(a - g_{p2})}{g_{p1} + a^2 g_{p2} - 2a g_{p1}g_{p2}} \tag{3.22}$$

M_{p1} 镜处的光斑半径表达式为

$$w_{p1}^2 = \pm \frac{\lambda b}{\pi} \sqrt{\frac{g_{p2}}{g_{p1}(1 - g_{p1}g_{p2})}} \tag{3.23}$$

分臂 M_{p2} 与 M_{p3} 间的振荡光束腰半径为

$$w_{p2}^2 = \pm \frac{\lambda b}{\pi} \frac{\sqrt{g_{p1}g_{p2}(1 - g_{p1}g_{p2})}}{g_{p2} + d^2 g_{p1} - 2d g_{p1}g_{p2}} \tag{3.24}$$

以 M_{p2} 镜作为参考,振荡光束腰位置的表达式为

$$l_{p2} = \frac{b g_{p2}(d - g_{p2})}{g_{p1} + d^2 g_{p2} - 2d g_{p1}g_{p2}} \tag{3.25}$$

M_{p3} 镜处的光斑半径表达式为

$$w_{p2}^2 = \pm \frac{\lambda b}{\pi} \sqrt{\frac{g_{p1}}{g_{p2}(1 - g_{p1}g_{p2})}} \tag{3.26}$$

以上腔内光束传播特性计算是在忽略像散情况下进行的。当圆对称光束以非零度角入射球面镜时,其子午面的成像特性与弧矢面

不同,进而产生像散。在三镜折叠 V 形腔内的实际光路振荡中,光以一定的角度斜入射到折叠球面镜,在子午面和弧矢面两个方向上产生不同的焦距。若用 f_{pt} 和 f_{ps} 分别表示子午面和弧矢面产生的焦距,则

$$f_{pt} = \frac{R_{p2}\cos\alpha}{2} \quad (3.27)$$

$$f_{ps} = \frac{R_{p2}}{2\cos\alpha} \quad (3.28)$$

式中:R_{p2} 为三镜折叠腔的折叠镜曲率半径;α 为其折叠半角。考虑光束子午面和弧矢面的影响,谐振腔稳定性及腔内光束传输规律是有区别的,对其计算结果进行总结,得到三镜折叠 V 形谐振腔腔内光束的传输特性。

(1)考虑像散后,由于腔内高斯光束子午面和弧矢面内产生的焦距等参数不一样,致使腔内的振荡光束截面呈椭圆形,同时使谐振腔振荡稳定区范围减小。

(2)折叠腔腔内稳定振荡光光束分布符合高斯光束分布。在谐振腔的两个端面凹面镜位置处,其曲率半径和腔内以 R 为半径的高斯光束的等相位面曲率半径相等,但是通常在谐振腔的折叠镜位置处,它们的值不相等。

(3)泵浦光半径与腔内振荡光束腰半径的尺寸比值。对于三镜折叠 V 形腔,位于长臂的光腰半径通常比短臂大。通过优化谐振腔参数,可以确定谐振腔两个分臂的光腰半径值和激光振荡稳定性系数,两分臂光腰是相对独立的。在使用三镜折叠 V 形腔时,通常将激光晶体放在长臂中,以得到好的模式匹配。随着 LD 泵浦功率增加,LD 出射光的发散角也随着改变,因此,通常采用光学耦合系统对光束进行整形,确保其半径为百微米量级;为了获得泵浦光光斑半径与腔内振荡光束腰半径较为合适的尺寸比,用于放置激光晶体的长臂,将其光束腰尺寸相应地设计大一些,通常腔内激光晶体处振荡光束腰半径与泵浦光的光斑半径的比值在 0.7~0.8 较为合适,当泵浦光功率增大时,考虑增益介质热透镜效应的影响,其比值设计需再小些,方能获得空间最佳光束尺寸比。通常将倍频晶体放置在短臂中,短臂的束腰半径较小,有

利于获得较高的倍频效率,这样可以同时满足模式匹配和高效倍频两方面的要求。

3.2.2 谐振腔的数值优化设计

从前面章节可知,在 LD 端面泵浦固体激光器中,由于结构限制,导致客观存在泵浦光分布和散热不均匀的情况,激光晶体内部形成温度梯度,引起折射率差,进而导致产生一定的热透镜效应,其热透镜焦距同时作用于泵浦光和谐振腔内振荡光束。本章采用三镜折叠 V 形谐振腔,在设计其结构参数时,并没有考虑如何消除缓解热透镜效应,而是把 Nd:YVO$_4$ 增益介质的泵浦面作为激光谐振腔的一个端面镜,利用其等效热透镜焦距可作用于泵浦光和腔内振荡光束,寻找在一定的泵浦光功率区间内,通过优化泵浦光光斑尺寸和谐振腔参数,使泵浦光和腔内振荡光束实现模式匹配,提高激光器的输出效率和光束质量。将上述利用激光晶体的热透镜效应设计谐振腔的方法称为"热透镜效应对光束质量的自洽控制技术"。同时,把激光晶体泵浦端面当作激光谐振腔的一个腔镜,使该激光器结构更紧凑。

采用热透镜效应的光束质量自洽控制技术设计三镜折叠 V 形腔结构激光器参数的思路是:首先计算在一定区间泵浦光功率和其不同的光斑半径下,得到 Nd:YVO$_4$ 增益介质产生的热透镜焦距 f_{therm},然后分析不同热透镜焦距对腔内分臂上光束腰半径的影响,进而确定泵浦光斑半径参数;在此基础上,根据光线传输矩阵、谐振腔稳定性条件及腔内光束腰半径的大小需求,确定谐振腔腔镜的曲率半径参数和两个分臂的长度。本方法忽略了热透镜效应对泵浦光的影响,以减小计算过程工作量。根据理论计算结果设计的激光器参数与实际存在的偏差,可通过实验调试进行补偿。

1. Nd:YVO$_4$ 晶体的热透镜焦距

前面章节已通过建模计算分析及实验介绍了 LD 端面泵浦 Nd:YVO$_4$ 激光晶体产生的热透镜焦距计算方法。在 LD 泵浦光通过光学耦合系统准直聚焦后以光斑半径分别为 $200\mu m$、$300\mu m$ 和 $400\mu m$ 注入 Nd:YVO$_4$ 激光晶体中,根据所建模型参数和其计算公式,可计算得到 Nd:YVO$_4$ 激光晶体产生的热透镜焦距随泵浦光功率的变化关系,如

图 3.7 所示。

由图 3.7 可知:无论泵浦光光斑半径为 200μm、300μm 还是 400μm,热透镜焦距值都与泵浦光功率成反比,即热透镜焦距值随泵浦光功率增加而减小;在相同泵浦光功率下,热透镜焦距值随泵浦光光斑半径减小而减小。另外,在泵浦光光斑半径分别为 200μm、300μm 和 400μm 时,在泵浦光功率为 40W 时,得到热透镜焦距分别为 50mm、109mm 和 194mm。

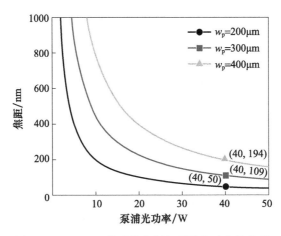

图 3.7　Nd:YVO$_4$ 热透镜焦距与泵浦光功率的关系

2. Nd:YVO$_4$ 晶体内的泵浦光光斑半径

将上述计算得到的热透镜焦距值代入三镜折叠 V 形腔结构参数,利用光线传输矩阵和谐振腔稳定性条件,在一定参数下,通过计算机编写程序数值计算,得到三镜折叠 V 形谐振腔内不同位置处所对应的振荡光光斑半径,如图 3.8 所示。

由图 3.8 可以看出,无论热透镜焦距值取 50mm、109mm 还是 194mm,M 和 M2 镜之间构成的分臂上光束腰半径变化都很小,约为 140μm,这与前面对折叠谐振腔特性的理论分析一致。因此,从模式匹配角度考虑,本实验采用的泵浦光光斑半径大小是 200μm。虽然泵浦光光斑半径再往小数值方向取值,从理论上看可以得到更好的模式匹配,但是实际上,当 LD 泵浦光光斑半径变小时,聚焦进入激光增益介质中的泵浦光在传输过程中,会发生聚焦于一点然后很快发散的情况,这样使得泵浦光在激光晶体中的有效泵浦区域很小,降低了 LD 泵浦光的有效利用率,导致阈值功率增大,激光器整体效率下降。

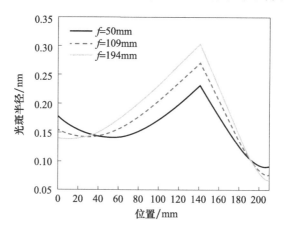

图 3.8　腔内不同位置处的振荡光光斑半径

3. 谐振腔参数

在泵浦光光斑半径为 $200\mu m$ 时,根据光线传输矩阵和谐振腔稳定性条件,在 M 镜和 M_2 镜的曲率半径分别取 100mm、200mm 和 50mm、200mm 时,分别得到分臂 L_1 和 L_2 长度的变化对谐振腔内光斑尺寸的影响,如图 3.9 和图 3.10 所示。

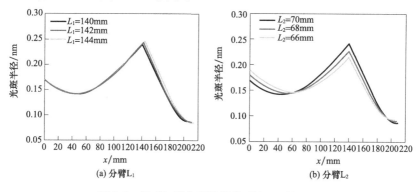

图 3.9　M、M_2 镜曲率半径为 100mm、200mm,
分臂 L_1 和 L_2 长度的变化对谐振腔内光斑尺寸的影响(见彩图)

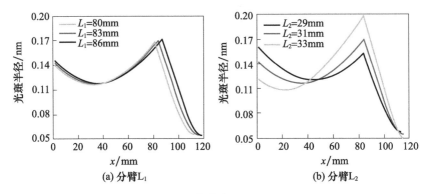

图 3.10 M、M_2 镜曲率半径为 50mm、200mm，
分臂 L_1 和 L_2 长度的变化对谐振腔内光斑尺寸的影响（见彩图）

由图 3.9 和图 3.10 可以看出，在 M 镜和 M_2 镜的曲率半径分别取 100mm、200mm 和 50mm、200mm 时均可得到，不同位置的光斑大小对 L_1 长度变化不敏感，但是对 L_2 长度变化很敏感。掺 Nd^{3+} 增益介质的准三能级系统的模式匹配对其输出性能影响较大，因此，在实验过程中，为了获得较好的模式匹配，需要仔细调节泵浦光尺寸大小和分臂 L_2 的长度。基于上述理论分析和器件尺寸，在 M 镜和 M_2 镜的曲率半径分别取 100mm、200mm 和 50mm、200mm 时，实验初步设定 L_1 和 L_2 的取值分别约为 80mm、30mm 和 140mm、70mm。此外，从三镜折叠 V 形腔内不同位置的光斑大小变化可得知，在分臂 L_2 中，越靠近反射镜位置处的光束半径越小，因此，倍频晶体应紧靠分臂 L_2 的反射镜放置，以获得较高的倍频效率。

3.3 小结

本章首先从速率方程组出发建立声光调 Q 理论模型，分析了影响输出激光脉冲宽度的因素，并根据理论分析获得了一些压缩输出脉冲宽度的措施，包括适当缩短谐振腔腔长、增大泵浦速率和优化泵浦光与振荡光的模式匹配。这是因为脉冲宽度的大小正比于光子寿命，而光子寿命正比于谐振腔腔长；增大泵浦速率可提高初始反转粒子数，优化泵浦光与振荡光模式匹配可降低剩余的反转粒子数,这样使腔内激光净增益增大,建立光场的时间变短,因此激光输出脉宽也就变窄。另外,通过数值计算方法,分析了声光调 Q 914nm Nd:YVO$_4$ 激光器的上下能级粒子数、脉冲宽度和单脉冲能量与泵浦光功率和重复频率的关系,为后续激光器的调试提供理论依据。

考虑上述影响输出激光脉冲宽度的因素,利用 Nd:YVO$_4$ 晶体产生的热透镜效应对泵浦光和腔内振荡光的影响作用,采用光线传输矩阵理论和谐振腔稳定条件,对三镜折叠 V 形谐振腔进行数值计算分析,得到激光器设计参数:在泵浦光斑半径为 200μm、泵浦功率为 0 ~ 40W,M 镜和 M$_2$ 镜的曲率半径分别取 50mm、200mm 和 100mm、200mm,初步设计 L$_1$ 和 L$_2$ 分别约为 80mm、30mm 和 140mm、70mm;同时得到腔内不同位置的光斑大小对 L$_1$ 长度变化不敏感,但是对 L$_2$ 长度变化很敏感的结论。因此,在实验过程中,为了获得较好模式匹配,要仔细调节分臂 L$_2$ 的长度。此外,从腔内不同位置的光斑大小变化得到,靠近分臂 L$_2$ 的反射镜位置处,光斑尺寸最小,因此倍频晶体应紧靠着分臂 L$_2$ 的反射镜放置,以提高倍频效率。

参考文献

[1] LIU J,WANG C,DU C,et al. High – power actively Q – switched Nd:GdVO$_4$ laser end – pumped by a fiber – coupled diode – laser array[J]. Optics Communications,2001,188(1 – 4):155 – 162.

[2] BALDWIN G. Output power calculations for a continuously pumped Q – switched YAG:Nd^{3+} laser[J]. IEEE Journal of Quantum Electronics,1971,7(6):220 – 224.

第4章　非线性倍频理论与倍频晶体设计

　　LD泵浦固体激光器结合非线性光学频率变换技术,是目前获得紫外全固态激光器的主要方法。本章首先从麦克斯韦方程组出发,再通过洛伦兹模型、折射率方程和电磁波与物质材料的相互作用理论,系统地介绍非线性光学效应产生机理及实现高效倍频的影响因素,为设计非线性倍频晶体参数提供理论依据。然后以相位匹配为目标,推导单轴和双轴倍频晶体的Ⅰ类及Ⅱ类相位匹配角的计算公式,得到用于产生457nm和228nm激光的LBO和BBO倍频晶体的相位匹配角及其有效非线性系数。

4.1　非线性倍频基础理论

4.1.1　麦克斯韦方程组

　　非线性光学主要研究光与物质的非线性作用。非线性作用的机理是,增加入射到物质的光强度,进而产生对线性作用的高阶修正,其中二阶修正对应于二阶非线性效应,三阶修正对应于三阶非线性效应。因此,经典(线性)光学是非线性光学的基础。麦克斯韦方程组由4个互相关联的方程组成,描述了电场、磁场与电荷密度和电流密度之间的关系。方程组的积分形式如式4.1所示:①描述了电场的性质。在一般情况下,电场可以是自由电荷的电场,也可以是变化磁场激发的感应电场,而感应电场是涡旋场,它的电位移线是闭合的,对封闭曲面的通量无贡献。②描述了磁场的性质。磁场可以由传导电流激发,也可以由变化电场的位移电流激发,它们的磁场都是涡旋场,磁感应线都是闭合线,对封闭曲面的通量无贡献。③描述了变化的磁场激发电场的规律。④描述了传导电流和变化的电场激发磁场的规律。

$$\begin{cases} \oint_s \boldsymbol{D} \cdot \mathrm{d}s = q_0 \\ \oint_s \boldsymbol{B} \cdot \mathrm{d}s = 0 \\ \oint_t \boldsymbol{E} \cdot \mathrm{d}t = -\iint_s \frac{\partial \boldsymbol{B}}{\partial t} \cdot \mathrm{d}s \\ \oint_t \boldsymbol{H} \cdot \mathrm{d}l = I_0 + \iint_s \frac{\partial \boldsymbol{D}}{\partial t} \cdot \mathrm{d}s \end{cases} \quad (4.1)$$

式中:$\boldsymbol{D}$ 为电通量密度;$\boldsymbol{B}$ 为磁通量密度;$\boldsymbol{E}$ 为电场强度;$\boldsymbol{H}$ 为磁场强度;I_0 为电流;q_0 为闭合曲面电荷量。

在电磁场的实际应用中,需要明确空间位置的电磁场量和电荷、电流之间的关系。从数学形式上,就是将麦克斯韦方程组的积分形式转化为微分形式。∇ 为哈密顿算子。

$$\begin{cases} \nabla \cdot \boldsymbol{D} = \rho_0 \\ \nabla \times \boldsymbol{E} = -\frac{\partial \boldsymbol{B}}{\partial t} \\ \nabla \cdot \boldsymbol{B} = 0 \\ \nabla \times \boldsymbol{H} = j_0 + \frac{\partial \boldsymbol{D}}{\partial t} \end{cases} \quad (4.2)$$

式中:ρ_0 为电荷密度;j_0 为电流密度。

假定与光相互作用的物质为非磁性材料,而且不存在自由电荷或者电流,微分形式的麦克斯韦方程组可以简化为

$$\begin{cases} \nabla \cdot \boldsymbol{D} = 0 \\ \nabla \times \boldsymbol{E} = -\frac{\partial \boldsymbol{B}}{\partial t} \\ \nabla \cdot \boldsymbol{B} = 0 \\ \nabla \times \boldsymbol{H} = \frac{\partial \boldsymbol{D}}{\partial t} \end{cases} \quad (4.3)$$

式中

$$\begin{cases} \boldsymbol{D} = \varepsilon_0 \boldsymbol{E} + \boldsymbol{P} \\ \boldsymbol{B} = \mu_0 \boldsymbol{H} \end{cases} \quad (4.4)$$

式(4.4)称为物质方程,其中:$\boldsymbol{P}$ 为极化强度;ε_0 为真空介电常数;μ_0 为

真空中的磁导率。

麦克斯韦方程组和物质方程一起描述了光和物质的相互作用。在非磁性材料中传播的光的电场导致材料本身极化,该极化经由构成方程改变了光的电通量密度,变化的电通量密度又经过麦克斯韦方程组改变了光的电场。

麦克斯韦方程组中含有四个相互关联的物理量:电场、磁场、电通量密度和磁通量密度。将麦克斯韦方程组和物质方程联立,可以得到一个波动方程,只含有四个物理量中的某一个。最常见的波动方程是一个关于电场的二阶偏微分方程。方程的右边包含了电场对材料的极化,如果此项消失为零,那么波动方程就是在描述光在真空中的传播。公式推导如下:

$$\begin{cases} \nabla \times (\nabla \times \boldsymbol{E}) = \nabla(\nabla \cdot \boldsymbol{E}) - \nabla^2 \boldsymbol{E} \\ \nabla \times (\nabla \times \boldsymbol{E}) = -\nabla \times \frac{\partial \boldsymbol{B}}{\partial t} = -\frac{\partial}{\partial t}(\nabla \times \boldsymbol{B}) \\ \qquad = -\frac{\partial}{\partial t}(\nabla \times (\mu_0 \boldsymbol{H})) = -\frac{\partial}{\partial t}(\mu_0 \nabla \times \boldsymbol{H}) \\ \qquad = -\frac{\partial}{\partial t}\left(\mu_0 \left(\varepsilon_0 \frac{\partial \boldsymbol{E}}{\partial t} + \frac{\partial \boldsymbol{P}}{\partial t}\right)\right) \\ \nabla^2 \boldsymbol{E} - \nabla(\nabla \cdot \boldsymbol{E}) = \mu_0 \left(\varepsilon_0 \frac{\partial^2 \boldsymbol{E}}{\partial t^2} + \frac{\partial^2 \boldsymbol{P}}{\partial t^2}\right) \end{cases} \quad (4.5)$$

在非线性光学领域中,通常情况下:

$$\nabla(\nabla \cdot \boldsymbol{E}) \ll \nabla^2 \boldsymbol{E} \quad (4.6)$$

而真空光速为

$$c_0 = \sqrt{\frac{1}{\mu_0 \varepsilon_0}} \quad (4.7)$$

所以波动方程可简化为

$$\left(\nabla^2 - \frac{1}{c_0^2}\frac{\partial^2}{\partial t^2}\right)\boldsymbol{E} = \mu_0 \frac{\partial^2 \boldsymbol{P}}{\partial t^2} \quad (4.8)$$

自然界中的物质由原子或者分子组成,其微观结构在纳米尺度。对于波长在几百纳米的可见光或者波长更长的红外光,光"看到"的是一种平均后的效果,这种效果可以用极化率来描述。即通过引入极化率这一宏观物理量,在处理光与物质相互作用时,可以不考虑物质的具体组成成分及具体的微观结构。这也是超材料(Metamaterial)研究的基本出发点。

对于非磁性物质,有

$$\begin{cases} P = \varepsilon_0 \chi E \\ \varepsilon = \varepsilon_0 (1 + \chi) \\ \mu = \mu_0 \end{cases} \quad (4.9)$$

式中:ε 为介电常数;μ 为磁导率;χ 为电极化率。

折射率为

$$n = v/c = \sqrt{\varepsilon\mu/\varepsilon_0\mu_0} = \sqrt{1+\chi} \quad (4.10)$$

光在物质中传播时,极化率描述了物质对光的响应,物质做出响应可通过洛伦兹模型来解释。

4.1.2 洛伦兹模型

洛伦兹模型的核心思想源于洛伦兹假定构成物质的原子包含了带正电荷和带负电荷的粒子。在电场的作用下,带正、负电荷的粒子相对于它们的平衡中心做简谐振荡,形成振荡的偶极矩。简谐振荡的偶极矩像天线一样辐射出新的电磁波(光波),该电磁波的频率等于简谐振荡的频率。洛伦兹模型如图4.1所示。原子核带正电荷,静态、质量相对较重并固定在晶格内,其电荷中心位置在 $x=0$ 处。电子具有较小质量,被无质量的弹簧束缚,弹簧的弹性为常数,在平衡位置 $x=0$ 处进行阻尼运动,当力消除后,运动减弱并最终结束。电子和原子核形成一个谐振频率为 ω 的振荡器。偶极矩定义为电荷大小与电荷之间分离距离的乘积。在没有外加磁场的情况下,负电荷和正电荷的中心重合,偶极矩为零。如果瞬态电场与原子相互作用,则电子开始以与电场相

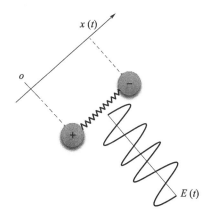

图4.1 洛伦兹模型简图

同的频率围绕其平衡位置振荡。振荡的偶极矩以相同的频率发射新的电磁波。

在洛伦兹模型中,光和物质相互作用的物理过程如下:

(1)物质被简化为由带正、负电荷的粒子构成的简谐振子,在光的电场驱动下形成做简谐振荡的偶极矩,该偶极矩的振荡频率等于入射光的频率;

(2)简谐振荡的偶极矩辐射出新的电磁波(光波),该电磁波的频率等于偶极矩简谐振荡的频率,也就是起始入射光的频率;

(3)新产生的光波和起始入射的光波叠加干涉,构成在物质中传输的光波。

不同的物质对应于共振频率不同的简谐振子,入射光的频率与该共振频率的相对大小不仅影响物质形成的偶极矩的振幅,还会导致该偶极矩辐射出来的电磁波具有不同的相位。众所周知,光是电磁波,两束光的干涉取决于它们之间的相位差。因此对于不同频率的光,物质响应不一样;也就是说,极化率是光频率的函数,尤其当入射光的频率接近物质的共振频率时,会导致入射光被吸收。

通过计算微观的偶极矩即可获知物质的极化率这一宏观物理量。如果入射光的频率远离物质的共振频率,可以进一步简化极化率的表达式。通常物质存在多个共振频率,对应于多个吸收峰,因此极化率可以写为更一般的表达式——几个共振频率不同的简谐振子的响应叠加。在实验中,通常采用物理量折射率(refractive index)来表示,代入基于洛伦兹模型的极化率公式计算,即可得到色散方程(sellmeier equation)。该方程只有为数不多的几个系数,通常可由实验精确测定。

4.1.3 折射率模型方程

当入射光频率远离共振区时,有

$$\begin{cases} |\omega_0^2 - \omega^2| \gg 2\omega\gamma \\ \chi(\omega) = \dfrac{\omega_p^2}{(\omega_0^2 - \omega^2)} \\ \omega_p^2 = Ne/(m\varepsilon_0) \end{cases} \quad (4.11)$$

式中:m 为电子质量;γ 为阻尼系数;ω_0 为无阻尼振荡的频率;e 为电子电量。

通常电子振荡器有多个谐振频率,因而折射率具有以下形式:

$$n^2(\omega) = 1 + \chi(\omega) = 1 + \sum_i A_i \frac{\omega_i^2}{\omega_0^2 - \omega^2} = 1 + \sum_i a_i \frac{\lambda^2}{\lambda^2 - \lambda_i^2}$$
(4.12)

以上讨论的洛伦兹模型只适用于光学各向同性(optical isotropic)的物质,即物质的响应与光的入射方向无关。从麦克斯韦方程组可以看出,光波的电场要用矢量来描述,一般情况下在 x、y 和 z 三个方向都有分量。由电场引起的物质的极化(polarization)也是矢量,它与入射光电场之间可以用一个 3×3 的矩阵联系起来,表明某个方向(如 x 方向)上的电场可以引起其他方向(如 y 和 z 方向)上的极化。在数学上,矩阵是二阶张量(tensor)。

$$\begin{bmatrix} P_x \\ P_y \\ P_z \end{bmatrix} = \varepsilon_0 \begin{bmatrix} \chi_{xx} & \chi_{xy} & \chi_{xz} \\ \chi_{yx} & \chi_{yy} & \chi_{yz} \\ \chi_{zx} & \chi_{zy} & \chi_{zz} \end{bmatrix} \begin{bmatrix} E_x \\ E_y \\ E_z \end{bmatrix}$$
(4.13)

$$\begin{bmatrix} D_x \\ D_y \\ D_z \end{bmatrix} = \varepsilon_0 \begin{bmatrix} \varepsilon_{xx} & \varepsilon_{xy} & \varepsilon_{xz} \\ \varepsilon_{yx} & \varepsilon_{yy} & \varepsilon_{yz} \\ \varepsilon_{zx} & \varepsilon_{zy} & \varepsilon_{zz} \end{bmatrix} \begin{bmatrix} E_x \\ E_y \\ E_z \end{bmatrix}$$
(4.14)

从 x、y 和 z 轴任意选择一个作为主介电轴,介电矩阵对角化可表示为

$$\begin{bmatrix} D_x \\ D_y \\ D_z \end{bmatrix} = \varepsilon_0 \begin{bmatrix} \varepsilon_{xx} & 0 & 0 \\ 0 & \varepsilon_{yy} & 0 \\ 0 & 0 & \varepsilon_{zz} \end{bmatrix} \begin{bmatrix} E_x \\ E_y \\ E_z \end{bmatrix} = \varepsilon_0 \begin{bmatrix} n_x^2 & 0 & 0 \\ 0 & n_y^2 & 0 \\ 0 & 0 & n_z^2 \end{bmatrix} \begin{bmatrix} E_x \\ E_y \\ E_z \end{bmatrix}$$
(4.15)

各向同性介质:$n_x = n_y = n_z$。

单轴晶体:$n_x = n_y = n_o$,$n_z = n_e \neq n_o$,其中 n_o 为寻常光(o 光)折射率,n_e 为非寻常光(e 光)折射率。

双轴晶体:$n_x \neq n_y \neq n_z$。

介电常数(ε)描述了电通量密度(D)与电场的关系,跟极化率存在简单关系,也是一个二阶张量。通过选择合适的坐标系(主轴坐标

系),可以将该张量对角化,并定义三个折射率,每个折射率皆可写成色散方程的形式。对于光学各向同性的材料,三个折射率完全相同,对于光学各向异性的材料,这三个折射率不完全相同,又可以分为两类:单轴(uniaxial)材料(三个折射率中有两个相同)和双轴(biaxial)材料(三个折射率各不相同)。

当光在各向异性材料中传播时,情况将变得复杂,电场强度(E)与电通量密度(D)有可能不在同一方向上。通过图 4.2 可以看出,在非磁性材料中,磁场强度(H)和磁通量密度(B)同向,并且和电通量密度及波前(wavefront)的传播方向(波矢方向 k)互相垂直。光波所携带的能量沿坡印廷(Poynting)矢量方向传输,既垂直于电场,又垂直于磁场。如果电通量密度与电场不同向,那么能量传输的方向就不同于波前的传播方向,在图中体现为 s 矢量和 k 矢量的方向不同。

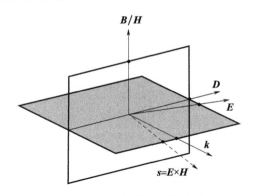

图 4.2 电磁场的空间关系图

以单轴晶体为例,在其中传输的光根据其偏振方向可以分成 o 光(ordinary)和 e 光(extraordinary)。假定 z 轴为光轴(optical axis)方向,电场偏振垂直于光轴方向的为 o 光,o 光的折射率固定,与光的波前传播(k 矢量)方向无关;与此相反,e 光的电场偏振在由光轴和 k 矢量织成的平面内,其所对应的折射率由 k 矢量和光轴方向的夹角决定。换言之,对于不同的波前传播方向,e 光会"看到"不同的折射率。图 4.3 为单轴晶体的折射率椭球。

可用折射率椭球求出沿 k 方向传播的与两个独立平面波相关联的

两个折射率和 D 的两个对应方向;通过原点并垂直于 k 的平面与折射率椭球相交,生成一个椭圆;D_1 位于 $x-y$ 平面并垂直于光轴 z;D_2 位于 $z-k$ 平面内;D_1 称为普通波,D_2 称为异常波;相交椭圆的两个轴是 $2n_o$ 和 $2n_{\text{eff}}(\theta)$,n_o 是 D_1 的折射率,$n_{\text{eff}}(\theta)$ 是 D_2 的折射率。

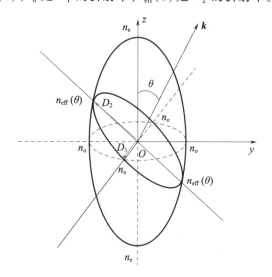

图 4.3　单轴晶体的折射率椭球

可得到折射率椭圆方程为

$$\frac{1}{n_{\text{eff}}^2(\theta)} = \frac{\cos^2(\theta)}{n_o^2} + \frac{\sin^2(\theta)}{n_e^2} \tag{4.16}$$

存在两种特殊情况:$n_e(0°) = n_o$,$n_e(90°) = n_o$。

o 光对应的电场与电通量密度同向,因此坡印廷矢量方向(能量流动的方向)与 k 矢量方向一致,光携带的能量沿着波前传播的方向"流动"。除非 k 矢量与光轴夹角为 90°或者 0°,否则 e 光对应的电场与电通量密度不同向,此时坡印廷矢量方向与 k 矢量方向不同,光携带的能量沿着与波前传播不同的方向"流动"(图 4.4)。将一块方解石放在一支铅笔上,可以看到两支铅笔的像,这就是因为在方解石这种单轴光学晶体里,o 光和 e 光携带的能量沿两个不同方向传播,产生了光学上常见的双折射(Birefringence)现象,如图 4.5 所示。

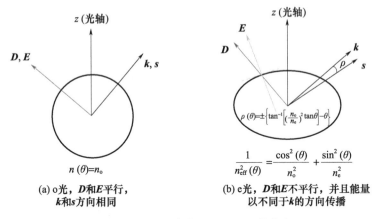

图 4.4 o 光和 e 光的 D、E 和 k、s 的方向

图 4.5 方解石双折射现象示意图

4.1.4 电磁波与物质材料之间的相互作用

光和物质相互作用，既可能改变物质的性质，也可能改变光的性质。非线性光学的主要研究内容是物质如何改变光的性质，即光与物质的非线性相互作用对光的频率、幅度、相位、偏振方向、传播方向及光束质量等特性的影响。式(4.8)和式(4.9)表明，光波扰动材料，受扰动的材料也会改变光波。

当物质中不存在外加电场时，电子处在一个势阱的底部，也就是电子的平衡位置。如果外加一个较弱的电场，电子会在平衡位置附近做往复运动，此时势阱可以用一个抛物线函数来近似描述，如图 4.6 所示。因此可将电子当作简谐振子，在外加电场下做受迫简谐振荡，这也是洛伦兹模型的核心思想。

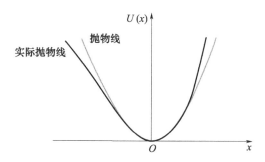

图 4.6 电子势阱抛物线函数

对于单色场的响应,强制电子谐振子方程为

$$m\frac{d^2 x}{dt^2} + 2m\gamma\frac{dx}{dt} + m\omega_0^2 x = -eE(t) \quad (4.17)$$

式中:$E(t) = E\mathrm{e}^{\mathrm{j}\omega t}$;$x(t) = x\mathrm{e}^{\mathrm{j}\omega t}$。

由式(4.17)可得到

$$\begin{cases} x = \dfrac{-e/m}{\omega_0^2 - \omega^2 + 2\mathrm{j}\omega\gamma} E \\ P = Nex = \dfrac{Ne^2/m}{\omega_0^2 - \omega^2 + 2\mathrm{j}\omega\gamma} E \\ \chi(\omega) = \dfrac{Ne^2/(m\varepsilon_0)}{\omega_0^2 - \omega^2 + 2\mathrm{j}\omega\gamma} \end{cases} \quad (4.18)$$

光的电场是时间的实函数,比如一个单频(monochromatic)光的电场可以简单表示为一个以时间为自变量的余弦(或者正弦)函数。为了数学上计算方便,可以对光的电场引入复数表示方法,即将电场写为分别对应于正频率分量和负频率分量的两个复数的叠加,这两个频率分量之间互为共轭。在实际运算中,经常只利用其中一个分量(如正频率分量)来计算光学系统的输出响应,然后将输出响应和此输出响应的共轭加在一起,即可获得该光学系统的输出。利用洛伦兹模型计算极化率时,只考虑正频率分量。同样,也可以只利用负频率分量来计算负频率所对应的极化率,负频率的极化率等于正频率所对应的极化率的共轭。正频率和负频率都具有相同的应用,尤其是在非线性光学领域。

通过正频率和负频率分量表达信号,有

$$E(t) = 2E\cos(\omega t) = Ee^{j\omega t} + E^* e^{-j\omega t} = Ee^{j\omega t} + \text{c.c} \quad (4.19)$$

式中:c.c 表示共轭。

通过负频率计算极化率:

$$\begin{cases} E(t) = E^* e^{-j\omega t} \\ x(t) = xe^{-j\omega t} \\ p(t) = -ex(t) = pe^{-j\omega t} \end{cases} \quad (4.20)$$

得到

$$\begin{cases} p = \dfrac{e^2/m}{\omega_0^2 - \omega^2 - 2j\omega\gamma} E^* \\ \chi(-\omega) = \dfrac{Ne^2/(m\varepsilon_0)}{\omega_0^2 - \omega^2 - 2j\omega\gamma} = \chi^*(\omega) \end{cases} \quad (4.21)$$

一个线性光学系统对于多个输入光场的总响应等于每个输入光场所对应响应的线性叠加。例如利用一个半透半反镜可以将两束频率和偏振相同的光进行干涉。线性光学系统对输入的光场进行"加法"运算,因此不会产生不同频率的光。线性光学系统对应的极化率是物质本身的固有性质,其表达如式(4.22)所示,可知极化率与外加光场的频率有关,与外加光场的强弱无关。

$$P(\omega) = \varepsilon_0 \chi(\omega) E(\omega) \quad (4.22)$$

该谐振子的势能函数为

$$U(x) = \int m\omega_0^2 x \mathrm{d}x = \frac{1}{2} m\omega_0^2 x^2 \quad (4.23)$$

如果外加电场进一步增强,则电子的振动幅度增加,但并不仅限于平衡位置附近,此时用抛物线函数来近似电子所处位置的势阱就不够精确,需要引入高一阶的修正,如式(4.24)所示。在入射光场较强的情况下,对电子势阱引入高阶修正,导致物质对输入的光场也有可能进行"乘法"运算,各种非线性光学现象也由此产生。

$$m\frac{\mathrm{d}^2 x}{\mathrm{d}t^2} + 2m\gamma\frac{\mathrm{d}x}{\mathrm{d}t} + m\omega_0^2 x + m\eta x^2 = -eE(t) \quad (4.24)$$

式中:η 为高阶微扰修正。

引入对势阱的高阶修正后,可以看出电子在外加电场下不再做简谐振荡;物质极化不再只是正比于电场强度,而是成为电场强度的多项式函数,也可以理解为极化对电场强度的泰勒级数展开,因此得到式(4.25)。该表达式包含了线性极化率(linear susceptibility)、二阶极化率(second-order susceptibility)和三阶极化率(third-order susceptibility)等。二阶极化率与两个电场"相乘"构成二阶极化,产生二阶非线性光学效应。例如:输入两个频率不同的光束,每一个光束的电场均可写为前面提到的复数表达方式,将它们相乘,再乘以二阶极化率,然后展开,可得到新的频率的极化;这些极化通过微观上的偶极矩辐射出新的频率的光场,从而产生倍频光、和频光、差频光及直流电场。与之相对应的二阶非线性光学效应分别称为倍频(second-harmonic generation,SHG)、和频(sum-frequency generation,SFG)、差频(difference-frequency generation,DFG)及光整流(optical rectification,OR)。

电极化强度为

$$P = \varepsilon_0 [\chi^{(1)} E + \chi^{(2)} E^2 + \chi^{(3)} E^3 + \chi^{(4)} E^4 + \cdots] \quad (4.25)$$

利用微扰理论求解修正后的洛伦兹模型可以得到与倍频、和频、差频及光整流相对应的二阶极化率表达式。

和频电极化率为

$$\chi^{(2)}(\omega_1 + \omega_2, \omega_1, \omega_2) = \frac{\varepsilon_0^2 m \eta}{N^2 e^3} \chi^{(1)}(\omega_1 + \omega_2) \chi^{(1)}(\omega_1) \chi^{(1)}(\omega_2)$$

$$(4.26)$$

差频电极化率为

$$\chi^{(2)}(\omega_1 - \omega_2, \omega_1, -\omega_2) = \frac{\varepsilon_0^2 m \eta}{N^2 e^3} \chi^{(1)}(\omega_1 - \omega_2) \chi^{(1)}(\omega_1) \chi^{(1)}(-\omega_2)$$

$$(4.27)$$

倍频电极化率为

$$\chi^{(2)}(2\omega_1, \omega_1, \omega_1) = \frac{\varepsilon_0^2 m \eta}{N^2 e^3} \chi^{(1)}(2\omega_1) [\chi^{(1)}(\omega_1)]^2 \quad (4.28)$$

光整流电极化率为

$$\chi^{(2)}(0, \omega_1, -\omega_1) = \frac{\varepsilon_0^2 m \eta}{N^2 e^3} \chi^{(1)}(0) \chi^{(1)}(\omega_1) \chi^{(1)}(-\omega_1) \quad (4.29)$$

由上述表达式可知,二阶极化率不仅与具体的非线性效应有关,而且与参与非线性过程的三个光波的频率也有关系,三个光波频率中存在两个相同的情况。

一些材料存在特殊情况,如在具有中心对称的光学材料中,偶数阶的极化率为零,因此不会有偶数阶的非线性光学效应。以玻璃光纤为例,由于玻璃材料具有中心对称,所以三阶非线性光学效应在光纤中最为显著,而二阶非线性光学效应则很难观测到。利用倍频显微成像(second-harmonic generation microscopy)技术可以观测样品中哪部分具有中心对称,哪部分不具有。从势阱的角度来看,中心对称材料的势阱也呈中心对称,因此在光场较强时所引入的对势阱的修正都是偶数阶项。描述电子运动的二阶常微分方程的恢复力(restoring force)是材料势阱的一阶导数,所以对于中心对称的光学材料,出现在电子运动方程里的高阶修正只含有位移的奇数阶(三阶、五阶等)项,因此利用微扰理论求解得到的非线性极化率偶数阶(二阶、四阶等)为零。

通常情况下,线性极化率是一个二阶张量(3×3 的矩阵),表明某个方向(如 x 方向)上的电场可以引起其他方向(如 y、z 方向)上的极化。二阶极化率将二阶极化与两个电场联系起来,例如电场 1 在 x 方向的电场分量和电场 2 在 y 方向的电场分量可能引起光学材料在 z 方向上的极化。因此,二阶极化率要用一个三阶张量来描述,共有 $3^3 = 27$ 个元素;描述三阶非线性效应的三阶极化率用一个四阶张量来描述,共有 $3^4 = 81$ 个元素。虽然元素个数看起来很多,但根据本征对易对称性和克莱曼对称性可知,其中有些元素相同及晶体的对称性使一些元素为零。对于常用的非线性光学晶体,只有为数不多的几个非零独立元素。下面将以 BBO 晶体为例进行说明。

在非线性光学领域,研究人员通常采用引入物理符号的方法来简化表达式。在满足克莱曼对称性的前提下,引入非线性光学系数 d,代替 3×6 的矩阵张量表达二阶极化率,以便进行数学计算。

对于最常用的 BBO 晶体,它的 d 矩阵只有 8 个非零元素,对应 4 个独立的非零数值。这 4 个数值在量级上相差很多,比如 d_{16} 比其他 3 个大近两个数量级。可以通过选择特定传播方向的入射光,并限制它的偏振方向来充分利用 d_{16} 元素,从而增强光与物质之间的非线性相互作用。下面以 BBO 晶体为例进一步解释。

BBO 晶体的非线性系数：

$$\boldsymbol{d}_{\mathrm{np}} = \begin{bmatrix} 0 & 0 & 0 & 0 & d_{15} & d_{16} \\ d_{16} & -d_{16} & 0 & d_{15} & 0 & 0 \\ d_{31} & d_{31} & d_{33} & 0 & 0 & 0 \end{bmatrix} \quad (4.30)$$

式中：4 个独立元素值分别为，$d_{16}(1.064\mu m) = 2.2 \mathrm{pm/V}$, $d_{15}(1.064\mu m) = 0.03 \mathrm{pm/V}$, $d_{31}(1.064\mu m) = 0.04 \mathrm{pm/V}$, $d_{33}(1.064\mu m) = 0.04 \mathrm{pm/V}$。

如图 4.7 所示，在 BBO 晶体实现二倍频时，可以选择入射光的传播方向（即 $\boldsymbol{k}$ 矢量）在 y-z 平面，电场沿着 x 轴偏振，显然入射光为 o 光。经过简单计算发现，x 方向偏振的光会引起 y 方向和 z 方向上的极化，而 BBO 在 x 方向上的极化为零。注意到振荡的偶极矩在振荡方向上不会辐射出电磁波，因此在计算倍频光对应的有效极化时，只需要计算垂直于光的传播方向上的极化分量。该有效极化位于 y-z 或者 k-z 平面内，由它辐射产生的倍频光的电场与有效极化同方向，因此属于 e 光，与入射光的电场方向垂直。现在可以理解，正是由于二阶极化率的张量特性，才导致倍频光与入射光（一般称为基频光）具有不同的偏振方向。

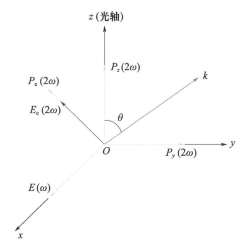

图 4.7 BBO 晶体，入射光为 o 光，倍频产生 e 光

4.1.5 耦合波方程

将波动方程式(4.31)右边的极化分为线性极化和非线性极化两部分。通过引入折射率这一物理量并且假定参与相互作用的光波均为单色平面波,可将该方程简化为一组针对不同频率光波的二阶常微分方程。非线性极化出现在方程组的右边,将不同频率的光波耦合在一起,导致它们之间出现能量交换。

$$\left(\nabla^2 - \frac{1}{c_0^2}\frac{\partial^2}{\partial t^2}\right)E = \mu_0\frac{\partial^2 P}{\partial t^2} = \mu_0\left(\frac{\partial^2 P_L}{\partial t^2} + \frac{\partial^2 P_{NL}}{\partial t^2}\right) \quad (4.31)$$

式中

$$\begin{cases} E(t) = \sum_n E(\omega_n)\mathrm{e}^{\mathrm{j}\omega_n t} + \mathrm{c.c} \\ P_L(t) = \varepsilon_0\sum_n \chi^{(1)}(\omega_n)E(\omega_n)\mathrm{e}^{\mathrm{j}\omega_n t} + \mathrm{c.c} \\ P_{NL}(t) = \sum_n P_{NL}(\omega_n)\mathrm{e}^{\mathrm{j}\omega_n t} + \mathrm{c.c} \end{cases} \quad (4.32)$$

得到耦合波方程为

$$\left(\nabla^2 + \frac{\omega_n^2 n^2(\omega_n)}{c_0^2}\right)E(\omega_n) = -\omega_n^2\mu_0 P_{NL}(\omega_n)$$

$$= -\frac{\omega_n^2}{\varepsilon_0 c_0^2}P_{NL}(\omega_n) \quad (4.33)$$

在 z 方向上传播的平面波为

$$\left(\frac{\mathrm{d}^2}{\mathrm{d}z^2} + k_n^2\right)E(\omega_n) = -\frac{\omega_n^2}{\varepsilon_0 c_0^2}P_{NL}(\omega_n) \quad (4.34)$$

$$k_n^2 \equiv \frac{\omega_n^2 n^2(\omega_n)}{c_0^2} \quad (4.35)$$

可得到

$$\frac{\mathrm{d}^2 A_n}{\mathrm{d}z^2} - 2\mathrm{j}k_n\frac{\mathrm{d}A_n}{\mathrm{d}z} = -\frac{\omega_n^2}{\varepsilon_0 c_0^2}P_{NL}(\omega_n)\mathrm{e}^{\mathrm{j}k_n z} \quad (4.36)$$

$$E(\omega_n) = A_n(z)\mathrm{e}^{-\mathrm{j}k_n z} \quad (4.37)$$

进一步利用慢变振幅近似(slowly varying amplitude approximation)——振幅变化率在一个波长距离上的相对变化要远小于1,上述二阶常微分方程组可以简化为一组一阶常微分方程。

慢变振幅近似为

$$\left|\frac{d^2 A_n}{dz^2}\right| \ll \left|k_n \frac{dA_n}{dz}\right| \Leftrightarrow \left(\left|\frac{d^2 A_n}{dz^2}\right|\lambda_n\right)\bigg/\left|\frac{dA_n}{dz}\right| \ll 2\pi \quad (4.38)$$

一阶常微分方程为

$$\frac{dA_n}{dz} = -j\frac{\omega_n}{2\varepsilon_0 n(\omega_n)c_0}P_{NL}(\omega_n)e^{jk_n z} \quad (4.39)$$

通常情况下,二阶非线性效应涉及 3 个不同频率的光波,针对这三个频率的光场可以写出三个方程,由这三个方程构成一个耦合波方程组。所以二阶非线性光学过程也称为三波混频。

$$\begin{cases} \begin{cases} P_{NL}(\omega_3) = 4\varepsilon_0 d_{eff} E_1(\omega_1) E_2(\omega_2) = 4\varepsilon_0 d_{eff} A_1 A_2 e^{-j(k_1+k_2)z} \\ \frac{dA_3}{dz} = -j\frac{2\omega_3 d_{eff}}{n(\omega_3)c_0} A_1 A_2 e^{-j(k_1+k_2-k_3)z} \end{cases} \\ \begin{cases} P_{NL}(\omega_2) = 4\varepsilon_0 d_{eff} E_3(\omega_3) E_1^*(-\omega_1) = 4\varepsilon_0 d_{eff} A_1 A_2 e^{-j(k_3-k_1)z} \\ \frac{dA_2}{dz} = -j\frac{2\omega_2 d_{eff}}{n(\omega_2)c_0} A_3 A_1^* e^{j(k_1+k_2-k_3)z} \end{cases} \\ \begin{cases} P_{NL}(\omega_1) = 4\varepsilon_0 d_{eff} E_3(\omega_3) E_2^*(-\omega_2) = 4\varepsilon_0 d_{eff} A_1 A_2 e^{-j(k_3-k_2)z} \\ \frac{dA_1}{dz} = -j\frac{2\omega_1 d_{eff}}{n(\omega_1)c_0} A_3 A_2^* e^{j(k_1+k_2-k_3)z} \end{cases} \end{cases} \quad (4.40)$$

三波混频发生在没有损耗的光介质情况下,无论能量在三个光场之间如何交换,总能量守恒。Manley-Rowe 关系描述了在非线性光学过程中能量转换的规律,这个规律可以形象地用电子在虚拟能级(Virtual Level)间跃迁、同时伴随有光子的吸收和释放的量子图像来描述。比如 4.1.4 节中提到的二倍频现象可以理解为基态电子吸收了一个基频光光子跃迁到一个虚拟能级,再吸收另一个基频光光子从而跃迁到一个能量更高的虚拟能级,然后该电子跃迁回基态并释放出一个倍频光光子。换言之,两个基频光光子消失,随之产生一个倍频光光子,这个过程能量守恒。电子在虚拟能级间跃迁,并不需要时间,因而基频光的消失与倍频光的产生同时发生。

以三波混频为例,其中有三个不同的光频率,分别表示为 ω_1、ω_2 和 ω_3,且 $\omega_3 = \omega_1 + \omega_2$;波矢失配表达式为 $\Delta k = k_1 + k_2 - k_3$。耦合波动方

程可以改写为

$$\begin{cases} \dfrac{\mathrm{d}A_3}{\mathrm{d}z} = -\mathrm{j}\dfrac{2\omega_3 d_{\mathrm{eff}}}{n(\omega_3)c_0}A_1 A_2 \mathrm{e}^{-\mathrm{j}\Delta kz} \\ \dfrac{\mathrm{d}A_2}{\mathrm{d}z} = -\mathrm{j}\dfrac{2\omega_2 d_{\mathrm{eff}}}{n(\omega_2)c_0}A_3 A_1^* \mathrm{e}^{\mathrm{j}\Delta kz} \\ \dfrac{\mathrm{d}A_1}{\mathrm{d}z} = -\mathrm{j}\dfrac{2\omega_1 d_{\mathrm{eff}}}{n(\omega_1)c_0}A_3 A_2^* \mathrm{e}^{\mathrm{j}\Delta kz} \end{cases} \quad (4.41)$$

光强是一个更为常用的物理量:

$$I = 2n\varepsilon_0 c_0 |A|^2 = 2n\varepsilon_0 c_0 A A^* \quad (4.42)$$

得到光强的变化表达式为

$$\frac{\mathrm{d}I}{\mathrm{d}z} = 2n\varepsilon_0 c_0 \left(A\frac{\mathrm{d}A^*}{\mathrm{d}z} + A^*\frac{\mathrm{d}A}{\mathrm{d}z} \right) \quad (4.43)$$

结合耦合波动方程,可以推导出以下强度变化方程:

$$\frac{\mathrm{d}I_1}{\mathrm{d}z} = -8\varepsilon_0 d_{\mathrm{eff}} \omega_1 \mathrm{Im}(A_3 A_1^* A_2^* \mathrm{e}^{\mathrm{j}\Delta kz}) \quad (4.44)$$

$$\frac{\mathrm{d}I_2}{\mathrm{d}z} = -8\varepsilon_0 d_{\mathrm{eff}} \omega_2 \mathrm{Im}(A_3 A_1^* A_2^* \mathrm{e}^{\mathrm{j}\Delta kz}) \quad (4.45)$$

$$\frac{\mathrm{d}I_3}{\mathrm{d}z} = 8\varepsilon_0 d_{\mathrm{eff}} \omega_3 \mathrm{Im}(A_3 A_1^* A_2^* \mathrm{e}^{\mathrm{j}\Delta kz}) \quad (4.46)$$

系统中的能量守恒:

$$\frac{\mathrm{d}I_{\mathrm{total}}}{\mathrm{d}z} = \frac{\mathrm{d}I_1}{\mathrm{d}z} + \frac{\mathrm{d}I_2}{\mathrm{d}z} + \frac{\mathrm{d}I_3}{\mathrm{d}z} = 0 \quad (4.47)$$

产生光子 ω_1 的速率 = 产生光子 ω_2 的速率 = 光子 ω_3 湮灭的速率:

$$\frac{\mathrm{d}}{\mathrm{d}z}\left(\frac{I_1}{\omega_1}\right) = \frac{\mathrm{d}}{\mathrm{d}z}\left(\frac{I_2}{\omega_2}\right) = -\frac{\mathrm{d}}{\mathrm{d}z}\left(\frac{I_3}{\omega_3}\right) \quad (4.48)$$

描述三波混频的方程组有解析解,涉及椭圆函数。为了突出相位匹配的物理概念,这里仅讨论最简单的一种情形: ω_1 的光和 ω_2 的光入射到非线性光学晶体,产生 ω_3 的光,并且 ω_3 等于 ω_1 和 ω_2 之和,这对应于另外一种常见的二阶非线性光学的和频现象。在晶体中, ω_3 的光从无到有,如果仅仅关注 ω_3 的光在产生初始阶段的能量变化(因为 ω_1 的光和 ω_2 的光在该阶段能量变化不会太大,可以假定它们是常数),那么可以得到 ω_3 的光强随传输距离变化的表达式(4.51)。

$$\frac{dA_3}{dz} = -j\frac{2\omega_3 d_{\text{eff}}}{n(\omega_3)c_0}A_1 A_2 e^{-j\Delta kz} \quad (4.49)$$

$$A_3(z) = \frac{-2j\omega_3^2 d_{\text{eff}} A_1 A_2}{k_3 c_0^2}\left(\frac{1-e^{-j\Delta kz}}{j\Delta k}\right) \quad (4.50)$$

$$I_3(z) = \frac{8\omega_3^2 d_{\text{eff}}^2 I_1 I_2 z^2}{n(\omega_1)n(\omega_2)n(\omega_3)\varepsilon_0 c_0^2}\text{sinc}^2\left(\frac{\Delta kz}{2}\right) \quad (4.51)$$

在最佳相位匹配条件下：

$$\Delta k = k_1(\omega_1) + k_2\omega_2 - k_3\omega_3 = 0 \quad (4.52)$$

得到

$$I_3(z) = \frac{8\omega_3^2 d_{\text{eff}}^2 I_1 I_2 z^2}{n(\omega_1)n(\omega_2)n(\omega_3)\varepsilon_0 c_0^2} \quad (4.53)$$

式(4.51)中含有 sinc 函数,其物理含义为三个不同频率的光在传输过程中所积累的相位差。从图 4.8 可以看出,当相位差为零时,ω_3 的光的光强随传输距离增长最快,与 ω_1 和 ω_2 的光强成平方关系。相位差为零的情形称为最佳相位匹配。

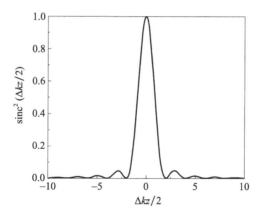

图 4.8 光在倍频晶体中传输产生的
相位差和 sinc 函数因子关系

4.2 倍频晶体设计

4.2.1 相位匹配方法

为了有效地实现非线性光学频率变换,光波在晶体中传输需同时满足同相位和同速度两个条件,才能使光波在偏振场内部发生相互作用。

假设参与非线性光学变换的三个光波频率为 ω_1、ω_2 及 ω_3($2\omega_3 = \omega_1 + \omega_2$),其相应的波矢分别为 k_1、k_2 及 k_3,根据式(4.52),以及

$$k_i = \frac{\omega}{c} n_j i \quad (j = 1, 2, 3) \tag{4.54}$$

得到

$$\Delta k = \frac{\omega_1}{c} n_1 i_1 + \frac{\omega_2}{c} n_2 i_2 - \frac{\omega_3}{c} n_3 i_3 = 0 \tag{4.55}$$

如果三个光波具有相同的波矢方向,即 $i_1 = i_2 = i_3$,则式(4.55)可变换为

$$\Delta k = \frac{\omega_1}{c} n_1 + \frac{\omega_2}{c} n_2 + \frac{\omega_3}{c} n_3 = 0 \tag{4.56}$$

即

$$\omega_1 n_1 + \omega_2 n_2 = \omega_3 n_3 \tag{4.57}$$

式(4.57)表示在三个光波同线的情况下,其产生相互作用时所需的相位匹配条件。在产生倍频($\omega_1 = \omega_2 = \omega_3/2$)时,得到的相位匹配条件为

$$n_1(\omega) + n_2(\omega) = 2n_3(2\omega) \tag{4.58}$$

根据不同光轴的折射率分布情况,将各向异性介质分为单轴和双轴晶体。对于单轴晶体有 $n_x = n_y = n_o, n_z = n_e$,其中:$n_x$、$n_y$ 和 n_z 分别为 x、y、z 轴的主折射率;n_o 为寻常光(o 光)的折射率,其折射率曲面与光在晶体中的传播方向无关;n_e 为非寻常光(e 光)的折射率,其折射率曲面随光波在晶体内传播的波矢方向与晶体 z 轴之间的夹角 θ_m 的改变而变化。单轴晶体折射率椭球方程表示为

$$\frac{x^2}{n_o^2} + \frac{y^2}{n_o^2} + \frac{z^2}{n_e^2} = 1 \tag{4.59}$$

该方程表示一个旋转轴为 z 轴(即光轴)的旋转椭球,如图 4.9 所示。

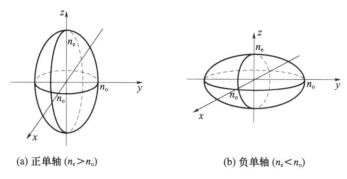

(a) 正单轴 ($n_e > n_o$)　　　　　(b) 负单轴 ($n_e < n_o$)

图 4.9　单轴晶体折射率椭球

对于双轴晶体,由于介电张量的三个主介电张量不相等,因此 x、y、z 三个轴的折射率不相等,即 $n_x \neq n_y \neq n_z$。双轴晶体的折射率椭球可表示为

$$\frac{x^2}{n_x^2} + \frac{y^2}{n_y^2} + \frac{z^2}{n_z^2} = 1 \tag{4.60}$$

双轴晶体的折射率椭球是一个三轴椭球,如图 4.10 所示。光波在双轴晶体的传播,其电场矢量 $\boldsymbol{E}$ 有两个可能的振动面,分别对应慢光和快光,对应的折射率分别为 $n'(\omega_i)$ 和 $n''(\omega_i)$,约定 $n'(\omega_i) > n''(\omega_i)$。

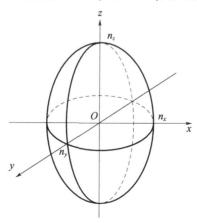

图 4.10　双轴晶体的折射率椭球

以基频光和倍频光在单轴晶体中的晶体折射率球面为例,进一步阐明获得相位匹配的方法。其折射率球面如图 4.11(负单轴)所示。实线表示基频光折射率,圆形为其 o 光折射率面,椭球面为其 e 光折射率面;虚线表示倍频光折射率,圆形为其 o 光折射率面,椭球面为 e 光折射率面;z 轴为光轴。从球心 O 引出的任意一条矢径与任意一个面相交于一点,球心 O 到该点的长度表示晶体以此矢径为波法线方向传播的光波的折射率值。通过寻找实线面和虚线面交点,得到球心 O 点与此交点连线的矢径与光轴 z 的夹角 θ_m,该角度满足式(4.58)相位匹配条件关系 $n_o^\omega + n_o^\omega = 2n_e^{2\omega}(\theta_m)$,即 $n_o^\omega = n_e^{2\omega}(\theta_m)$,这是一种可获得相位匹配的方法。因此,对于负单轴晶体,若基频光为 o 光,则从图 4.11 中看到,当其与光轴成 θ_m 角方向传播时,基频光(o 光)的折射率和其产生倍频光(e 光)的折射率值相同,即实现了相位匹配。

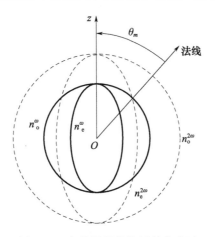

图 4.11 负单轴晶体的折射率球面

通过上述描述可知,获得相位匹配,就是寻找三个光波的折射率球面的空间相交点。三个光波在非线性光学晶体中发生相互作用时,假设三个光波频率的关系为 $\omega_3 > \omega_2 \geq \omega_1$,若频率 ω_1 和频率 ω_2 光的偏振方向相同,则此时所获得的匹配称为 I 类相位匹配;反之,则称为 II 类匹配。有关单轴和双轴晶体的 I 类和 II 类相位匹配条件汇总如表 4.1 所列。

表 4.1 晶体 Ⅰ 类和 Ⅱ 类相位匹配表

轴类型	偏振性质	Ⅰ类相位匹配条件	偏振性质	Ⅱ类相位匹配条件
正单轴	e+e→o	$n_e^\omega(\theta_m) = n_o^{2\omega}$	o+e→o	$\frac{1}{2}[n_o^\omega + n_e^\omega(\theta_m)] = n_o^{2\omega}(\theta_m)$
负单轴	o+o→e	$n_o^\omega = n_e^{2\omega}(\theta_m)$	e+o→e	$\frac{1}{2}[n_e^\omega(\theta_m) + n_o^\omega] = n_e^{2\omega}(\theta_m)$
双轴		$\omega_1 n'(\omega_1)\omega_1 n'(\omega_1) + \omega_2 n'(\omega_2)$ $= \omega_3 n'(\omega_3)$		$\omega_1 n'(\omega_1) + \omega_2 n''(\omega_2) = \omega_3 n''(\omega_3)$ $\omega_1 n''(\omega_1) + \omega_2 n'(\omega_2) = \omega_3 n''(\omega_3)$

4.2.2 倍频晶体 LBO/BBO 特性

1. LBO 晶体

LBO(三硼酸锂,LiB_3O_5)可用于 Ⅰ 或 Ⅱ 类临界(角度)相位匹配,也可用于非临界(温度)相位匹配。与铌酸盐晶体相比,LBO 具有较高激光损伤阈值,在温度、相位匹配中可调节波长较宽,允许的温度匹配范围也较大;铌酸盐类晶体虽然具有较大的非线性系数,但允许的温度匹配范围较小,不利于这类晶体的广泛使用[1]。另外,LBO 晶体具有较宽的允许角、较小的走离角,并且可以进行非常好的光学质量的大尺寸制造,被广泛应用于 Nd:YAG、Nd:YVO$_4$、Nd:YAP 等激光器可见光的 SHG。LBO 晶体的主要特性如表 4.2 所列。

表 4.2 LBO 晶体的主要特性

项目	参数
化学式	LiB_3O_5
晶体结构	正交晶系,mm2 点群
熔点/℃	834
莫氏(Mohs)硬度	6~7
密度/(g/cm^3)	2.47
透光波段/nm	160~2600
损伤阈值/(MW/cm^2)	18.9(1.3ns,1053nm)
吸收系数/(%/cm)	<0.1(1064nm)
热传导系数/(W/(m·K))	3.5

续表

项目	参数
热膨胀系数/(10^{-5}/K)	$a_x=10.8, a_y=-8.8, a_z=3.4$
热光系数/(10^{-6}/℃)	$dn_x/dT=-9.3, dn_y/dT=-13.6, dn_z/dT=-6.3-2.1\lambda$ ①
非线性系数/(pm/V)	$d_{31}=d_{15}=\mp1.09\pm0.09, d_{32}=d_{24}=\pm1.17\pm0.17,$ $d_{33}=\pm0.065\pm0.006$
有效非线性系数 d_{eff}(SHG)	约为 KDP 的 3 倍
潮解性	轻度

①λ 为光的波长,单位为 μm。

2. BBO 晶体

BBO(偏硼酸钡,$\beta-BaB_2O_4$)是一种性能优良的非线性晶体[2],具有有效非线性系数较大、损伤阈值较高、透光波长范围较宽和光学性能较稳定,生长技术成熟且价格适中等特点,是目前最为广泛地用于产生紫外及深紫外波段激光的一种商业化晶体。其主要应用于红或近红外波段的四或五倍频产生 266nm 或 213nm 紫外波段激光,也应用于染料激光器中产生二或三次谐波、光学参量放大(OPA)、光学参量振荡(OPO)及氩离子激光倍频等方面。BBO 的允许角较小,走离角较大,因此为了获得较高的倍频效率,需要较好的激光光束质量,而且要求发散角小和模式好。此外,BBO 晶体微潮解,一般通过两个通光面镀防潮膜或增加一个加热装置的方法来解决;激光器停止运转时,启动加热装置使 BBO 晶体保持一定的温度,可以防止潮解。其主要特性如表 4.3 所列。

表 4.3 BBO 晶体的主要特性

项目	参数
化学式	$\beta-BaB_2O_4$
晶体结构	三角晶系,3(C_3)点群
熔点/℃	1095 ± 5
莫氏(Mohs)硬度	4
密度/(g·cm³)	3.85
热传导系数/(W/(m·K))	$\perp c,1.2;//c,1.6$
透光波段/nm	185~3500

续表

项目	参数
吸收系数/(%·cm)	<0.1(1064nm), <0.2(1320nm)
热膨胀系数/(10^{-6}·K)	$\alpha_{11}=4, \alpha_{33}=36$
热光系数/(10^{-6}/℃)	$dn_o/dT=-16.6, dn_e/dT=-9.3$
非线性系数/pm·V^{-1}	$d_{11}=5.8\times d_{36}(KDP), d_{31}=0.05\times d_{11}, d_{22}<0.05\times d_{11}$
潮解性	微

4.2.3 用于产生457nm激光的LBO倍频晶体参数计算

LBO属于负双轴晶体($n_o > n_e$),其Sellmeier方程(色散公式)为

$$n^2 = A + \frac{B}{\lambda^2 - C} - D\lambda^2 \quad (4.61)$$

式中:数值A、B、C和D如表4.4所列(数据来源于中国科学院福建物质结构所)。

表4.4 LBO晶体折射率参数

折射率	A	B	C	D
n_x	2.45316	0.0115	0.01058	0.01123
n_y	2.53969	0.01249	0.01339	0.02039
n_z	2.58515	0.01412	0.00467	0.0185

基于光波矢与其折射率和频率之间的关系,三个光波相位匹配条件可通过折射率方程来表示,以便用于计算不同晶体及不同匹配类型的相位匹配角。由于单轴晶体具有回转对称性的折射率面,因此三个光波在单轴晶体中相互作用的相位匹配计算比较容易。在直角坐标中,双轴晶体的折射率曲面是双壳曲面(四次曲面),如图4.12所示。其具有较低的对称性,一般不能通过简单的解析法求解其相位匹配问题,而是采用数值计算方法[3]。取晶体光学主轴作为坐标系,并按通常习惯设定三个主折射率的关系满足$n_x < n_y < n_z$,得到双轴晶体双壳层折射率曲面方程表达式为

$$\frac{k_x^2}{n^{-2}-n_x^{-2}} + \frac{k_y^2}{n^{-2}-n_y^{-2}} + \frac{k_z^2}{n^{-2}-n_z^{-2}} = 0 \quad (4.62)$$

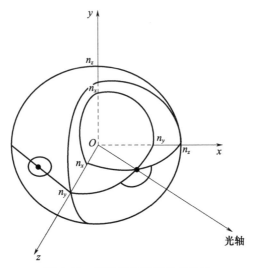

图 4.12 双轴晶体的折射率曲面

设波矢 k 和 z 轴的夹角为 θ,k 在 Oxy 面上的投影与 x 轴形成的夹角为 φ,则有

$$\begin{cases} k_x = \sin\theta\cos\varphi \\ k_y = \sin\theta\cos\varphi \\ k_z = \cos\theta \end{cases} \quad (4.63)$$

假设

$$a = n_x^{-2},\ b = n_y^{-2},\ c = n_z^{-2} \quad (4.64)$$

$$B = -(b+c)\sin^2\theta\cos^2\varphi - (a+c)\sin^2\theta\sin^2\varphi - (a+b)\cos^2\theta$$
$$(4.65)$$

$$C = bc\sin^2\theta\cos^2\varphi + ac\sin^2\theta\sin^2\varphi + ab\cos^2\theta \quad (4.66)$$

$$x = n^{-2} \quad (4.67)$$

将式(4.63)~式(4.67)代入式(4.62),可简化得到

$$x^2 + Bx + C = 0 \quad (4.68)$$

通过求解式(4.68),可得到两个偏振方向光的折射率为

$$n = \frac{\sqrt{2}}{\sqrt{-B \pm \sqrt{B^2 - 4C}}} \quad (4.69)$$

在式(4.69)中,"+"为快光的折射率,"-"为慢光的折射率,即光波矢

方向为(θ,φ)时,光波频率ω_i分别对应的快光和慢光的折射率,其表达式为

$$n''(\omega_i) = \frac{\sqrt{2}}{\sqrt{-B_i + \sqrt{B_i^2 - 4C_i}}} \quad (4.70)$$

$$n'(\omega_i) = \frac{\sqrt{2}}{\sqrt{-B_i - \sqrt{B_i^2 - 4C_i}}} \quad (4.71)$$

由光波矢与其折射率和频率之间的关系可得,Ⅰ类双轴晶体和频的相位匹配条件[4]为

$$\omega_1 n'(\omega_1) + \omega_2 n'(\omega_2) = \omega_3 n''(\omega_3) \quad (4.72)$$

倍频是和频中的一种特殊且常见的情况,即三个相互作用光波频率之间的关系是$\omega_1 = \omega_2$和$\omega_3 = 2\omega_1$,因此相位匹配条件可简化为$n'(\omega_1) = n''(\omega_3)$,即

$$\frac{1}{\sqrt{-B_1 - \sqrt{B_1^2 - 4C_1}}} = \frac{1}{\sqrt{-B_3 - \sqrt{B_3^2 - 4C_3}}} \quad (4.73)$$

式(4.73)关于(θ,φ)的方程较为复杂,难以求出解析解,同时含有基频光和倍频光的主折射率。首先将LBO晶体的性能参数带入式(4.61)计算,得到914nm和457nm波段光的三个主折射率,再通过采用计算机编程对式(4.73)进行数值计算,由于双折射晶体折射率具有对称性,因此(θ,φ)在$(0°,90°)$范围内进行计算即可,计算结果如图4.13所示。

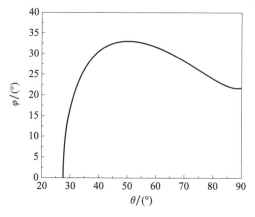

图4.13　LBO Ⅰ类匹配θ-φ曲线图

由图 4.13 可以看出,在基频光波长为 914nm 时,Ⅰ类 LBO 倍频晶体的相位匹配角 θ 第一象限的范围是 $28°\sim90°$,φ 第一象限的范围是 $0°\sim32°$;其他角度范围不能实现相位匹配条件。下面对Ⅱ类 LBO 倍频晶体在 914nm 波段的相位匹配角度范围进行计算。

Ⅱ类双轴晶体的相位匹配条件表达式[5]为

$$\omega_1 n'(\omega_1) + \omega_2 n''(\omega_2) = \omega_3 n''(\omega_3) \qquad (4.74)$$

在倍频情况下,即三波频率之间的关系是 $\omega_1 = \omega_2$ 和 $\omega_3 = 2\omega_1$,则式(4.74)可表示为

$$n'(\omega_1) + n''(\omega_2) = 2n''(\omega_3) \qquad (4.75)$$

即

$$\frac{1}{\sqrt{-B_1 - \sqrt{B_1^2 - 4C_1}}} + \frac{1}{\sqrt{-B_1 + \sqrt{B_1^2 - 4C_1}}} = \frac{2}{\sqrt{-B_2 + \sqrt{B_2^2 - 4C_2}}}$$

$$(4.76)$$

与式(4.73)一样,式(4.76)也是关于 (θ,φ) 的方程,较为复杂,难以求出解析解,同时含有基频光和倍频光的主折射率。采用同样的计算方法,得到Ⅱ类 LBO 晶体在基频光波长为 914nm 的相位匹配角范围,结果如图 4.14 所示。

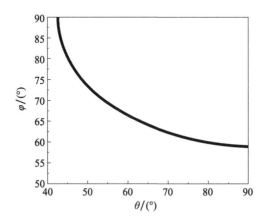

图 4.14 LBO Ⅱ类匹配 θ-φ 曲线图

由图 4.14 可以得到,914nm 波段的慢和快基频光在 LBO 晶体转化为 457nm 波长的快光Ⅱ类相位匹配角 θ 在第一象限的范围为 $42°\sim$

89°,φ 角在第一象限的范围为 59°~90°。

根据电磁场理论的二阶非线性光学效应,得到倍频光光强表达式为[6]

$$|I_3| = \frac{8\pi^2 l^2 d_{\text{eff}}^2}{n_1 n_2 n_3 \lambda_3^2 c \varepsilon_0} |I_1||I_2| \left[\frac{\sin\left(\frac{\Delta k l}{2}\right)}{\frac{\Delta k l}{2}} \right]^2 \quad (4.77)$$

式中:d_{eff} 为有效非线性系数;n_1 和 n_2 分别为两个基波的折射率;n_3 为倍频光的折射率;l 为光波在晶体中传播的距离;$\Delta k = k_1 + k_2 - k_3$,为相位失配量,其中 k_1 和 k_2 分别为两个基频光波的波矢,k_3 为倍频光波的波矢。从式(4.77)可以看出,基频光的倍频效率与三个光波的波矢有很大关系,相位失配量 Δk 对相互作用的三个光波间的能量转换效率有直接影响。另外,从式(4.77)可知,在相位匹配情况下,三个光波相互作用产生的倍频光强正比于有效非线性系数值 d_{eff} 的平方,因为对于(θ,φ)的变化,三个光波的折射率随之变化不大,相应的 d_{eff} 具有一定的影响。因此,在上述求得Ⅰ类和Ⅱ类双轴 LBO 晶体在 914nm 基频光倍频时满足相位匹配角度范围基础上,进一步求解其相对的有效非线性系数,通过寻找最大有效非线性系数,得到相应的最佳Ⅰ类和Ⅱ类双轴 LBO 晶体在 914nm 基频光倍频时的相位匹配角。

根据双轴晶体中光波的传输规律,波矢为 $k(\theta,\varphi)$ 的光波在双轴晶体中传输时,分解为两束偏振方向互相垂直的光,用 e_1 和 e_2 分别表示慢光和快光偏振方向。$E(\omega_1)$ 和 $E(\omega_2)$ 两个光场相互作用,产生的二阶极化 $P(\omega_3)$ 的表达式为

$$\boldsymbol{P}(\omega_3) = 2\varepsilon_0 \boldsymbol{a}_i d_{ijk} \boldsymbol{a}_j \boldsymbol{a}_k \boldsymbol{E}(\omega_1) \boldsymbol{E}(\omega_2) = 2\varepsilon_0 d_{\text{eff}} \boldsymbol{E}(\omega_1) \boldsymbol{E}(\omega_2)$$

(4.78)

式中:$\boldsymbol{a}_i$、$\boldsymbol{a}_j$、$\boldsymbol{a}_k$ 分别为 $\boldsymbol{P}(\omega_3)$、$\boldsymbol{E}(\omega_1)$ 和 $\boldsymbol{E}(\omega_2)$ 的单位矢量;d_{ijk} 为二阶极化张量。有效非线性系数的表达式可以改写为

$$d_{\text{eff}} = \boldsymbol{a}_i d_{ijk} \boldsymbol{a}_j \boldsymbol{a}_k \quad (4.79)$$

在三个光波相互作用时,因为 $\boldsymbol{d}_{ijk} = \boldsymbol{d}_{ikj}$,所以 $\boldsymbol{d}_{ijk}$ 可通过使用三行六列的矩阵来表示:

$$\boldsymbol{d}_{ijk} = \begin{bmatrix} d_{11} & d_{12} & \cdots & d_{16} \\ d_{21} & d_{22} & \cdots & d_{26} \\ d_{31} & d_{32} & \cdots & d_{36} \end{bmatrix} \quad (4.80)$$

计算Ⅰ类和Ⅱ类双轴晶体相位匹配的有效非线性系数时,首先需要求出慢光和快光电位移单位矢量 b^{e1} 和 b^{e2} 在三个主轴上的投影参数。快光、慢光的电位移偏振方向如图 4.15 所示[7-8]。

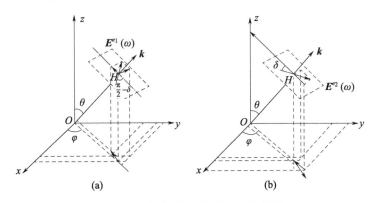

图 4.15 快光、慢光偏振方向示意图

$j=1,2,3$ 分别表示 x、y 和 z 三个坐标轴,根据图 4.14(a) 和(b),可求出慢光电位移单位矢量 b^{e1} 和快光电位移单位矢量 b^{e2} 分别为[9]

$$b^{e1} = \begin{vmatrix} \cos\theta\cos\varphi\cos\delta_i - \sin\varphi\sin\delta_i \\ \cos\theta\sin\varphi\cos\delta_i + \cos\varphi\sin\delta_i \\ -\sin\theta\cos\delta_i \end{vmatrix} = \begin{bmatrix} b_1^{e1} \\ b_2^{e1} \\ b_3^{e1} \end{bmatrix} \quad (4.81)$$

$$b^{e2} = \begin{vmatrix} \cos\theta\cos\varphi\cos\delta_i - \sin\varphi\sin\delta_i \\ \cos\theta\sin\varphi\cos\delta_i + \cos\varphi\sin\delta_i \\ \sin\theta\cos\delta_i \end{vmatrix} = \begin{bmatrix} b_1^{e2} \\ b_2^{e2} \\ b_3^{e2} \end{bmatrix} \quad (4.82)$$

式中:δ_i 为 $e_1(\omega_i)$ 与 $z-k$ 平面的夹角,它是包含 θ、φ 及 Ω_i 的函数,Ω_i 为双轴晶体的光轴和 z 轴间的角度,求解得到 δ_i 和 Ω_i 的表达式如下:

$$\tan\Omega_i = \frac{n_3(\omega_i)}{n_1(\omega_i)} \left[\frac{n_2^2(\omega_i) - n_1^2(\omega_i)}{n_3^2(\omega_i) - n_2^2(\omega_i)} \right]^{\frac{1}{2}} \quad (4.83)$$

$$\cot\delta_i = \frac{\cot^2\Omega_i \sin^2\theta - \cos^2\theta\cos^2\varphi + \sin^2\varphi}{\cos\theta\sin(2\varphi)} \quad (4.84)$$

式中:$n_1(\omega_i)$、$n_2(\omega_i)$ 和 $n_3(\omega_i)$ 分别为频率 ω_i 的光波在三个主轴上的折射率[10]。

为了使计算结果更为准确,考虑电场强度 $\boldsymbol{E}$ 和电通量密度 $\boldsymbol{D}$ 的走离效应的影响,并且利用电位移的单位矢量与波矢方向 $\boldsymbol{k}(\theta,\varphi)$ 之间的关系,得到主轴坐标系中的电场强度的表达式,再进行有效非线性系数的计算。频率 ω_i 的光波的慢和快两个偏振分量的表达式为

$$\boldsymbol{E}^{\mathrm{e1}}(\omega_i) = \sqrt{\frac{[b_1^{\mathrm{e1}}(\omega_i)]^2}{n_1^4(\omega_i)} + \frac{[b_2^{\mathrm{e1}}(\omega_i)]^2}{n_2^4(\omega_i)} + \frac{[b_3^{\mathrm{e1}}(\omega_i)]^2}{n_3^4(\omega_i)}}$$

$$\boldsymbol{D}^{\mathrm{e1}}(\omega_i) = P(\omega_i)\boldsymbol{D}^{\mathrm{e1}}(\omega_i) \tag{4.85}$$

$$\boldsymbol{E}^{\mathrm{e2}}(\omega_i) = \sqrt{\frac{[b_1^{\mathrm{e2}}(\omega_i)]^2}{n_1^4(\omega_i)} + \frac{[b_2^{\mathrm{e2}}(\omega_i)]^2}{n_2^4(\omega_i)} + \frac{[b_3^{\mathrm{e2}}(\omega_i)]^2}{n_3^4(\omega_i)}}$$

$$\boldsymbol{D}^{\mathrm{e2}}(\omega_i) = P(\omega_i)\boldsymbol{D}^{\mathrm{e2}}(\omega_i) \tag{4.86}$$

设 $\boldsymbol{a}^{\mathrm{e1}}(\omega_i)$ 和 $\boldsymbol{a}^{\mathrm{e2}}(\omega_i)$ 分别表示 $\boldsymbol{E}^{\mathrm{e1}}(\omega_i)$ 和 $\boldsymbol{E}^{\mathrm{e2}}(\omega_i)$ 的单位矢量,可得到其表达式分别为

$$\boldsymbol{a}^{\mathrm{e1}}(\omega_i) = \frac{1}{\boldsymbol{E}^{\mathrm{e1}}(\omega_i)}\begin{bmatrix} E_1^{\mathrm{e1}}(\omega_i) \\ E_2^{\mathrm{e1}}(\omega_i) \\ E_2^{\mathrm{e1}}(\omega_i) \end{bmatrix} = \frac{1}{P(\omega_i)}\begin{bmatrix} n_1^{-2}(\omega_i)b_1^{\mathrm{e1}}(\omega_i) \\ n_2^{-2}(\omega_i)b_2^{\mathrm{e1}}(\omega_i) \\ n_3^{-2}(\omega_i)b_3^{\mathrm{e1}}(\omega_i) \end{bmatrix}\begin{bmatrix} a_1^{\mathrm{e1}}(\omega_i) \\ a_2^{\mathrm{e1}}(\omega_i) \\ a_3^{\mathrm{e1}}(\omega_i) \end{bmatrix}$$

$$\tag{4.87}$$

$$\boldsymbol{a}^{\mathrm{e2}}(\omega_i) = \frac{1}{Q(\omega_i)}\begin{bmatrix} n_1^{-2}(\omega_i)b_1^{\mathrm{e2}}(\omega_i) \\ n_2^{-2}(\omega_i)b_2^{\mathrm{e2}}(\omega_i) \\ n_3^{-2}(\omega_i)b_3^{\mathrm{e2}}(\omega_i) \end{bmatrix} = \begin{bmatrix} a_1^{\mathrm{e2}}(\omega_i) \\ a_2^{\mathrm{e2}}(\omega_i) \\ a_3^{\mathrm{e2}}(\omega_i) \end{bmatrix} \tag{4.88}$$

所以,Ⅰ类和Ⅱ类相位匹配时,式(4.79)的表达式可变换为

$$d_{\mathrm{eff}}(\mathrm{I}) = \boldsymbol{a}^{\mathrm{e2}}d_{ijk}a_j^{\mathrm{e1}}a_k^{\mathrm{e1}} = \begin{bmatrix} a_1^{\mathrm{e2}} \\ a_2^{\mathrm{e2}} \\ a_3^{\mathrm{e2}} \end{bmatrix}d_{ijk}\begin{bmatrix} (a_1^{\mathrm{e1}})^2 \\ (a_2^{\mathrm{e1}})^2 \\ (a_3^{\mathrm{e1}})^2 \\ 2a_2^{\mathrm{e1}}a_3^{\mathrm{e1}} \\ 2a_1^{\mathrm{e1}}a_3^{\mathrm{e1}} \\ 2a_2^{\mathrm{e1}}a_3^{\mathrm{e1}} \end{bmatrix} = \begin{bmatrix} a_1 \\ a_2 \\ a_3 \end{bmatrix}d_{ijk}\begin{bmatrix} A_{11} \\ A_{12} \\ A_{13} \\ A_{14} \\ A_{15} \\ A_{16} \end{bmatrix}$$

$$\tag{4.89}$$

$$d_{\text{eff}}(\text{II}) = \boldsymbol{a}^{e2}\boldsymbol{d}_{ijk}\boldsymbol{a}_j^{e1}\boldsymbol{a}_k^{e2} = \begin{bmatrix} a_1^{e2} \\ a_2^{e2} \\ a_3^{e2} \end{bmatrix} \boldsymbol{d}_{ijk} \begin{bmatrix} a_1^{e1}a_1^{e2} \\ a_2^{e1}a_2^{e2} \\ a_3^{e1}a_3^{e2} \\ a_2^{e1}a_3^{e2} + a_3^{e1}a_2^{e2} \\ a_1^{e1}a_3^{e2} + a_3^{e1}a_1^{e2} \\ a_1^{e1}a_2^{e2} + a_2^{e1}a_1^{e2} \end{bmatrix} = \begin{bmatrix} a_1 \\ a_2 \\ a_3 \end{bmatrix} \boldsymbol{d}_{ijk} \begin{bmatrix} A_{21} \\ A_{22} \\ A_{23} \\ A_{24} \\ A_{25} \\ A_{26} \end{bmatrix}$$

(4.90)

LBO 晶体的 $\boldsymbol{d}_{ijk}$ 值为

$$\boldsymbol{d}_{ijk} = \begin{bmatrix} 0 & 0 & 0 & 0 & 0 & -0.67 \\ -0.67 & 0.04 & 0.85 & 0 & 0 & 0 \\ 0 & 0 & 0 & 0.85 & 0 & 0 \end{bmatrix} \quad (4.91)$$

将式(4.91)代入式(4.89)和式(4.90),利用计算机编程计算得到 LBO 晶体在 914nm 波段的 $d_{\text{eff}}(\text{I})$ 和 $d_{\text{eff}}(\text{II})$ 数值计算结果,如图 4.16 和图 4.17 所示。

由图 4.16 可以看出,$d_{\text{eff}}(\text{I})$ 在 $\theta \approx 90°$ 时取最大值为 0.79pm/V,其相应的最佳匹配角是(90°,21.7°)。由图 4.17 可以看出,$d_{\text{eff}}(\text{II})$ 在 $\theta \approx$ 42.7°时取得最大值为 0.49pm/V,其相应的最佳匹配角是(42.7°,90°)。

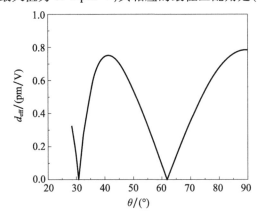

图 4.16 在基频波长为 914nm 时,I 类匹配 LBO 倍频晶体的有效非线性系数曲线

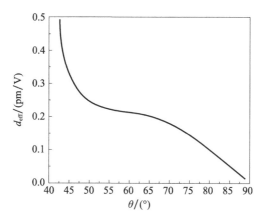

图 4.17 在基频波长为 914nm 时,Ⅱ类匹配 LBO 倍频晶体的有效非线性系数曲线

4.2.4 用于产生 228nm 激光的 BBO 倍频晶体参数计算

在单轴晶体中,根据光波的偏振方向,光波分为 o 光和 e 光。在Ⅰ或Ⅱ类相位匹配中,参与互作用的光波是 e 光还是 o 光,由晶体的类型所决定。

已知 BBO 晶体是负单轴晶体($n_o > n_e$),其色散表达为

$$\begin{cases} n_o^2(\lambda) = 2.7359 + \dfrac{0.01878}{\lambda^2 - 0.01822} - 0.01354\lambda^2 \\ n_e^2(\lambda) = 2.3753 + \dfrac{0.01224}{\lambda^2 - 0.01667} - 0.01516\lambda^2 \end{cases} \quad (4.92)$$

式中:λ 为波长,其单位是 μm。

Ⅰ类或Ⅱ类负单轴晶体的相位匹配角 θ 的计算公式如下:

Ⅰ类:
$$\sin^2\theta = \frac{[n_o(\omega)]^{-2} - [n_o(2\omega)]^{-2}}{[n_e(\omega)]^{-2} - [n_e(2\omega)]^{-2}} \quad (4.93)$$

Ⅱ类:

$$\left\{ \frac{\cos^2(\theta)}{[n_o(2\omega)]^2} + \frac{\sin^2(\theta)}{[n_e(2\omega)]^2} \right\}^{-\frac{1}{2}} = \frac{n_o(\omega)}{2} + \left\{ \frac{\cos^2(\theta)}{[n_o(\omega)]^2} + \frac{\sin^2(\theta)}{[n_e(\omega)]^2} \right\}^{-\frac{1}{2}} \quad (4.94)$$

根据式(4.93)计算 BBO 晶体匹配角 θ 时,不能采用解析法,而是通过计算机进行数值计算,得到其在 400~2400nm 波段范围内 Ⅰ 类及 Ⅱ 类 SHG 的相位匹配曲线,如图 4.18 所示。

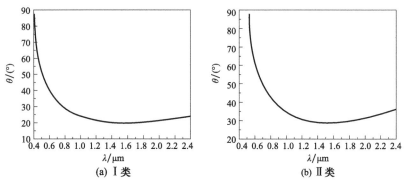

图 4.18　BBO 晶体 SHG 角度调谐相位匹配曲线

式(4.95)为 BBO 晶体在 Ⅰ 类和 Ⅱ 类相位匹配时,有效非线性系数的计算公式:

$$\begin{cases} d_{\mathrm{eff}}(\mathrm{I}) = d_{31}\sin\theta + (d_{11}\cos3\varphi - d_{22}\sin3\varphi)\cos\theta \\ d_{\mathrm{eff}}(\mathrm{II}) = (d_{11}\sin3\varphi + d_{22}\cos3\varphi)\cos^2\theta \end{cases} \quad (4.95)$$

式中:$d_{11} = 5.8 \times d_{36}(\mathrm{KDP} \approx 0.39)$;$d_{31} = 0.05 \times d_{11}$;$d_{22} < 0.05 \times d_{11}$。

根据上述公式和相关参数,采用计算机计算,得到 BBO 晶体在 Ⅰ 类和 Ⅱ 类相位匹配时基频光入射波长与有限非线性系数关系,如图 4.19 所示。

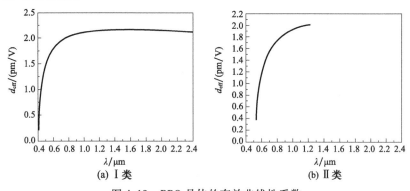

图 4.19　BBO 晶体的有效非线性系数

由图 4.18 和图 4.19 可知,当基频光为 457nm 时,BBO 晶体可实现基频光 457nm 倍频时 Ⅰ 类相位匹配条件,得到相位匹配角为 $(61.4°,0°)$,有效非线性系数 $d_{eff}=1.19$ pm/V;对于 Ⅱ 相位匹配 BBO 倍频晶体,基频光的最低波段在 530nm 左右,所以在 457nm 波段不能实现倍频。

4.3 小结

本章首先从麦克斯韦方程组出发,再通过洛伦兹模型、折射率方程和电磁波与物质材料的相互作用,系统地研究了非线性光学效应理论,得到了提高基频光倍频效率的方法,即可通过选择特定传播方向的入射光和限制其偏振方向,从而增强基频光与物质之间的非线性相互作用,这为倍频晶体的参数设计提供了理论依据。

根据相位匹配条件,结合色散方程和有效非线性系数表达式,推导了单轴和双轴倍频晶体的 Ⅰ 类及 Ⅱ 类相位匹配角的计算公式,得到了用于产生 457nm LBO 倍频晶体的最佳 Ⅰ 类相位匹配角是 $(90°,21.7°)$,相应的有效非线性系数 $d_{eff}=0.79$ pm/V,最佳 Ⅱ 类相位匹配角是 $(42.7°,90°)$,$d_{eff}=0.49$ pm/V;用于产生 228nm BBO 倍频晶体的最佳 Ⅰ 类相位匹配角为 $(61.4°,0°)$,有效非线性系数 $d_{eff}=1.19$ pm/V。拟采用的增益介质为 $Nd:YVO_4$ 晶体,其产生激光具有偏振特性,因此,采用 Ⅰ 类相位 LBO/BBO 倍频晶体。

参考文献

[1] 孔庆鑫,任怀瑾,鲁燕华,等. 全固态紫外激光器研究进展[J]. 光通信技术,2017,41(5):34-37.

[2] 李锋. LD 泵浦全固体蓝光激光器的理论与实验研究[D]. 西安:西北大学,2007.

[3] 李朝阳,王勇刚,黄骝,等. LBO 晶体非临界相位匹配倍频研究[J]. 北京工业大学学报,2003,29(2):221-224.

[4] COLLINI E,FERRANTE C,BOZIO R,et al. Large third-order nonlinear optical response of porphyrin J-aggregates oriented in self-assembled thin films [J]. Journal of Materials Chemistry,2006,16(16):1573-1578.

[5] CHEN C,WU Y,LI R. The relationship between the structural type of anionic group and SHG effect in boron - oxygen compounds[J]. Chinese Physics Letters,1985,2(9):389 - 392.
[6] 姚建铨,徐德刚. 全固态激光及非线性光学频率变换技术[M]. 北京:科学出版社,2007.
[7] 谢绳武,郭嘉荣,赵家驹. 双轴晶体倍频相位匹配角及有效二阶非线性系数的数值计算[J]. 上海交通大学学报,1982,1:37.
[8] 马仰华,赵建林,王文礼,等. 双轴晶体中二次谐波产生的最佳相位匹配条件[J]. 物理学报,2005,54(5):2084 - 2089.
[9] 杨学林,谢绳武. 晶体中三阶有效非线性系数的计算方法[J]. 光学学报,1995,15(4):411 - 416.
[10] 尹鑫. 双轴晶体有效倍频系数的计算[J]. 中国激光,1991(2):156 - 160.

第 5 章 深紫外 228nm 固体激光器实验

前面各章提出了获取深紫外 228nm 固体激光器的技术方案,并对内部各参量进行了详细的分析和讨论。本章利用上述技术方案搭建实验进行研究。首先开展 457nm 连续激光器优化实验,在获得较高功率和较好光束质量的 457nm 连续激光下,确定泵浦光斑尺寸和谐振腔分臂长度;其次开展声光调 Q 457nm 脉冲激光器实验,从实验中获得最高峰值功率 457nm 脉冲激光输出时的调制频率;最后通过选取合适的 457nm 聚焦镜焦距和 BBO 晶体长度及其摆放位置,以期获得高效率、结构紧凑的 228nm 激光器。

5.1 228nm 固体激光器实验方案

5.1.1 激光器系统实验装置

228nm 深紫外激光器实验装置如图 5.1 所示,采用的是 V 形谐振腔腔内产生二次谐波和腔外产生四次谐波结构。抽运源是最大输出功率为 110W 的光纤耦合激光二极管阵列,通过温度调节,使抽运光中心波长与 $Nd:YVO_4$ 的中心吸收波长重合,经过准直聚焦系统汇聚成半径均为 200μm 的抽运光斑,注入 $Nd:YVO_4$ 晶体中。耦合系统由两个曲率半径 R = 10mm 平凸镜和一个 45°偏振片构成。$Nd:YVO_4$ 晶体中 Nd^{3+} 的掺杂原子数分数为 0.1%,尺寸为 4mm × 4mm × 5mm,左端镀 808nm、1064nm 增透膜和 914nm 高反膜,右端面镀 914nm、1064nm 和 1342nm 增透膜。在激光晶体的侧面裹上一层铟箔安装在紫铜热沉上,通过循环水冷机进行温度控制。为使晶体散热充分,应确保晶体的 4 个侧面和热层充分接触冷水机的水流。曲率半径为 50mm 的平凹镜 M 作为输出镜,凹面镀 914nm 高反膜和 457nm、1064nm、1342nm 增透膜,平面镀 457nm、914nm、1064nm 和 1342nm 增透膜;曲率半径为 200mm 的平面镜 M_2 作为反射镜,表面镀 457nm、914nm 高反膜,使 $Nd:YVO_4$ 晶体的左端面 M_1 镜和 M、M_2 镜构成一个 V 形谐振腔,两臂夹角 $\alpha \approx$ 10°。其中,由 M_1 和 M 镜构成的长臂 L_1 中插入声光 Q 装置,由 M 和 M_2 镜构成的短臂中插入产生二次谐波的 LBO 晶体,并放置在距离反射镜 M_2 约 1mm 处。LBO 晶体尺寸为 4mm×4mm×15mm,晶体两端面镀 457nm、914nm 和 1064nm 增透膜。此谐振腔的振荡波长为 914nm,经过 LBO 晶体倍频后,产生 457nm 波长在谐振腔短臂中振荡并从平凹镜 M 射出。M_3 为 457nm 聚焦镜,表面镀 457nm 增透膜,在焦点附近放置产生四次谐波的 BBO 晶体,晶体两端面镀 457nm 和 228nm 增透膜,经过 BBO 晶体倍频便可以产生 228nm 紫外激光,并由分光棱镜 M_4 分离出 457nm 和 228nm 激光。

图 5.1 228nm 深紫外激光器实验装置
1—光学耦合系统;2—热沉包裹 $Nd:YVO_4$ 晶体模块;3—声光调 Q 装置;4—输出镜 M;
5—LBO 晶体装置;6—反射镜 M_2;7—457nm 聚焦镜 M_3;8—BBO 晶体;9—分光棱镜。

5.1.2 激光参数测量方法

1. 激光波长

在激光器输出波长测量中,采用 Ocean HR4000CG-UV-NIR 光谱仪,其覆盖波长范围为 200~1100nm,分辨率为 0.75nm(半峰全宽),实物如图 5.2 所示。测量中让激光束反射或经消减片后进入光谱仪探头,通过显示器观测激光束的波长值。

第5章 深紫外228nm固体激光器实验

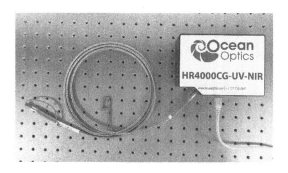

图 5.2 Ocean HR4000CG – UV – NIR 光谱仪实物图

2. 激光重复频率

选取光电探测器的光谱响应与激光器的输出波长相匹配;根据激光器输出脉冲宽度范围,选取合适的光电探测器和示波器。我们选用的示波器型号为 Tektronix TDS3054C,其带宽是 500MHz,5GS/s 采样速率,如图 5.3(a)所示;光电探测器型号为 THORLABS DET10A – 硅探测器,其光谱响应范围为 200~1100nm,上升时间为 1 ns,如图 5.3(b)所示。

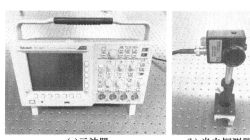

(a)示波器　　　　　(b)光电探测器

图 5.3 示波器和光电探测器实物图

使激光脉冲进入光电探测器,并使光电探测器在线性范围内工作,调节示波器的灵敏度和扫描速度,使在示波器的屏上出现两个稳定的激光脉冲波形,记下两相邻脉冲之间的时间间隔 t,重复测量 $n(n \geqslant 10)$次,按式(5.1)计算脉冲重复频率 f:

$$f = \frac{n}{\sum_{i=1}^{n} t_i} \quad (\text{Hz}) \tag{5.1}$$

式中:t_i 为第 i 次测量两相邻脉冲之间的时间间隔,单位为 s;n 为测量次数。

3. 激光器脉冲宽度

脉冲宽度的测量可参照重复频率的测量步骤。让激光脉冲进入光电探测器,且光电探测器工作在线性范围内,在示波器屏幕上显示脉冲时间波形,记录此时的脉冲宽度 τ_i,重复测量 $n(n \geqslant 10)$ 次,按照式(5.2)计算脉冲宽度 τ:

$$\tau = \frac{1}{n} \sum_{i=1}^{n} \tau_i \quad (\text{ns}) \tag{5.2}$$

式中:τ_i 为第 i 次测量的脉冲宽度,单位为 s;n 为测量次数。

4. 激光器峰值功率

在计算峰值功率时,我们首先要对激光器的平均功率进行测量。测量所用的探头有两种,实物如图 5.4 所示,图(a)为 OPHIR 30A–BB–18 型激光功率计,测量范围为 10mW ~ 30W,测量精度为 3%;图(b)为 OPHIR PD300R–UV 型激光功率计,测量范围为 20pW ~ 300mW,测量精度为 10%。

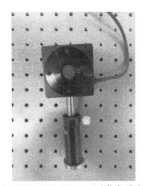 

(a)OPHIR 30A–BB–18型激光功率计　　(b)OPHIR PD300R–UV型激光功率计

图 5.4　激光功率计

在测量过程中,将激光功率计的探头对准激光器的输出光束,接通激光功率计的电源,选用合适量程,并校准其零点。每隔一定时间按产品规范要求测量并记录一次功率计的读数 P,重复测量 $n(n \geqslant 10)$ 次,按照式(5.3)计算激光器的平均功率 P:

$$P = \frac{1}{n}\sum_{i=1}^{n} p_i \quad (W) \tag{5.3}$$

式中:p_i 为第 i 次测量得到的平均功率,单位为 W;n 为测量次数。

在得到激光器平均功率后,按照式(5.4)计算峰值功率 P_{pk}:

$$P_{pk} = \frac{P}{f \cdot \tau} \quad (W) \tag{5.4}$$

式中:P 为平均功率,单位为 W;f 为脉冲重复频率,单位为 Hz;τ 为脉冲宽度,单位为 ns。

5. 光束质量

用 M^2 表示光束质量因子,其计算式为

$$M^2 = \frac{\pi}{4\lambda} \cdot d_0 \cdot \theta \tag{5.5}$$

式中:d_0 为束腰宽度或束腰直径,单位为 nm;θ 为远场束散角,单位为 mrad;λ 为激光波长,单位为 μm。

采用 THORLABS BP209 - VIS 型扫描狭缝式光束质量分析仪测量激光光束质量,工作波长范围为 200~1100nm,能够测量连续和重频不小于 10Hz 的脉冲光束,扫描速率可设置为 2~20Hz,如图 5.5 所示。扫描狭缝光束分析仪有一个转筒,内置两对或多对正交狭缝。转筒绕光轴旋转,改变位于检测器之前的 X、Y 方向的狭缝,使扫描狭缝穿过光路,这样测量的功率信号就与转筒和狭缝位置相关,由此计算出光束直径 d 和强度轮廓。

光束质量分析测试系统如图 5.6 所示。移动平台控制器,其精确度为 3μm,控制每次光束质量分析仪步

图 5.5 光束质量分析仪

进的长度,得到相应位置处的光束直径 d_i。将激光光束传输方向不同位置处的 Z 值和其对应光斑直径代入式(5.6),计算系数 A、B、C 的值,即

$$d^2 = A + B \cdot Z + C \cdot Z^2 \qquad (5.6)$$

图 5.6　光束质量分析测试系统

由系数 A、B、C 的值可以计算得到物方束腰直径 d_0、光束发散角 θ,以及光束质量因子 M^2,计算公式为

$$d_0 = \sqrt{A - \frac{B^2}{4C}} \qquad (5.7)$$

$$\theta = \sqrt{C} \qquad (5.8)$$

$$M^2 = \frac{\pi}{4\lambda}\sqrt{A \cdot C - \frac{B^2}{4}} \qquad (5.9)$$

5.2　228nm 固体激光器实验

5.2.1　457nm 连续激光输出

457nm 连续激光的输出功率和光束质量是影响其脉冲输出性能和腔外倍频获得 228nm 激光的关键因素。根据前面章节的理论研究分

第5章 深紫外228nm固体激光器实验

析知道,泵浦光光斑大小和腔长对激光输出有影响,为了获得较高性能的457nm连续激光输出,分别开展在不同的泵浦光斑大小和激光谐振腔分臂L_1、L_2长度下获得457nm激光实验。图5.7是激光谐振腔分臂L_1、L_2长度分别为82mm、30mm时,泵浦光斑半径w_p分别约为200μm、300μm、400μm下,得到注入泵浦功率与457nm连续激光输出功率的变换关系。

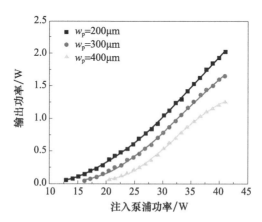

图5.7 不同泵浦光斑大小下,457nm连续激光
输出功率与注入泵浦功率的关系

由图5.7可知,在注入泵浦功率为41W时,获得连续457nm激光输出的最大功率分别为1.6W($w_p=300$μm)、2.2W($w_p=200$μm)和1.2W($w_p=400$μm),且当$w_p=200$μm时获得的光斑光束质量比$w_p=300$μm和400μm好。与$w_p=300$μm或400μm相比,w_p为200μm时获得457nm激光输出性能较好,其原因是w_p为200μm时与914nm振荡光束腰尺寸大小比例较合适。该实验结果与前面章节中激光器的理论分析一致。

接着,优化谐振腔分臂的长度。首先使激光谐振腔分臂L_2长度固定为30mm,实验研究激光谐振腔分臂L_1长度变化对457nm连续激光输出功率的影响,在L_1长度分别为82nm、83nm、84mm时,得到注入泵浦功率与457nm连续激光输出功率关系如图5.8(a)所示。从图5.8(a)可以看出,无论L_1长度取82mm、83mm或84mm,得到的输出功率与注入泵浦功率的变化关系相当接近。因此,长臂 L_1 长度发生较小变化时,对 457nm 连续激光输出功率影响不大,其原因是长臂 L_1 长度变化对激光谐振腔不同位置处振荡光斑大小的变化影响很小。为了确保后续实验腔内有足够的调试空间,L_1 取 83mm。

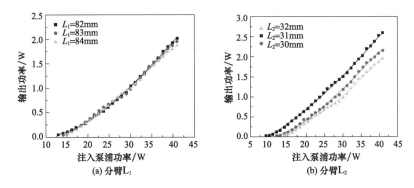

图 5.8 在不同分臂长下,457nm 连续激光输出功率
与注入泵浦功率的关系

然后,取 w_p 约为 200μm,激光谐振腔分臂 L_1 长度固定,实验研究激光谐振腔分臂 L_2 长度变化对 457nm 连续激光输出功率和光束质量的影响。在 L_2 长度分别为 30mm、31mm、32mm 时,得到注入泵浦功率与 457nm 连续激光输出功率关系如图 5.8(b)所示。从图 5.8(b)可以得到,在注入泵浦功率为 41W 时,获得连续 457nm 激光输出的最大功率分别为 2.2W(L_2 = 30mm)、2.6W(L_2 = 31mm)和 1.95W(L_2 = 32mm)。另外,L_2 = 31mm 时获得的光斑光束质量比 L_2 = 30mm 或 32mm 好,其光斑图和光束质量如图 5.9 所示。另外,从图 5.8(b)可知,457nm 连续激光输出功率对 L_2 长度变化较为敏感。其原因是,L_2 长度变化对谐振腔不同位置处振荡光斑大小的变化影响较大,改变了泵浦光斑和激光振荡光斑的空间模式匹配情况,进而影响激光输出性能。这与前面章节的理论分析一致。因此,在实验过程中,要仔细调节泵浦光斑大小和激光谐振腔分臂 L_2 的长度。

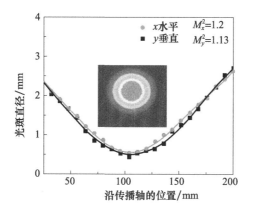

图 5.9　457nm 连续激光输出最高功率时光束质量和光斑图（见彩图）

5.2.2　228nm 连续激光输出

采用Ⅰ类相位匹配 BBO 倍频晶体对 457nm 连续激光进行腔外倍频,腔外倍频部分采用简单的透镜聚焦方式。为了提高 457nm 激光的倍频效率,根据 Boyd 和 Kleinman 定义最佳聚焦条件[1]：

$$\frac{L}{2Z_r} = 2.84 \qquad (5.10)$$

式中：L 为非线性晶体长度；Z_r 为聚焦光束的瑞利长度。根据上述条件和 457nm 输出光束质量,选择合适聚焦镜 M_3 的焦距和 BBO 晶体长度及它们的摆放位置。本实验用聚焦镜 M_3 的焦距为 150mm,BBO 晶体长度为 8mm。457nm 连续激光经过 M_3 聚焦镜、BBO 晶体倍频产生 228nm 激光,采用 Ocean HR4000CG-UV-NIR 光谱仪测量激光光谱,结果如图 5.10 所示。从光谱图可以看到 457nm 和 228nm 谱线,以及泵浦光 808nm 谱线。激光束经过分光棱镜后,得到 457nm 和 228nm 激光在白纸上激发的光斑,如图 5.11 所示。

功率为 2.6W 的 457nm 连续激光经过 BBO 晶体后,得到功率为 6mW 的 228nm 深紫外激光。228nm 激光输出功率与 457nm 激光注入功率的关系如图 5.12 所示。图 5.13 是使用 THORLABS BP209-VIS 型扫描狭缝式光束质量分析仪测量得到的 228nm 激光光斑图,输出光斑为椭圆形,原因是 457nm 激光经 BBO 晶体倍频后,228nm 倍频光的走离角较大。图 5.14 为 2h 内 228nm 激光输出功率在 6mW 时的稳定性测试,得到其稳定度为 2.2%。

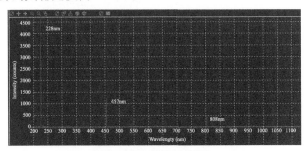

图 5.10 激光光谱图

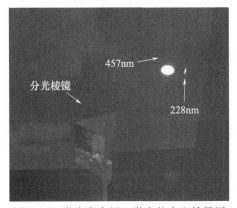

图 5.11 激光在白纸上激发的光斑效果图

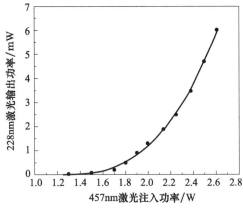

图 5.12 228nm 连续激光输出功率随注入 457nm 激光功率的关系

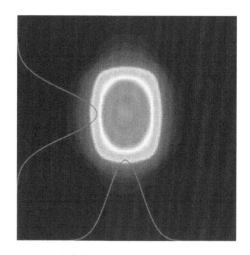

图 5.13 228nm 连续激光输出最高功率时的光斑图(见彩图)

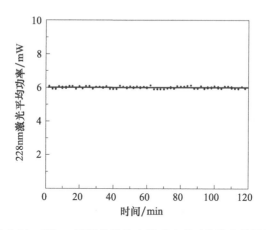

图 5.14 228nm 连续激光输出最高功率时的稳定性测试

5.2.3 457nm 脉冲激光输出

为提高 457nm 激光腔外倍频产生 228nm 激光的效率,在上述连续 457nm 激光输出的基础上,在分臂 L_1 中放置声光调 Q 开关,在开启 Q 开关前,首先调节声光 Q 晶体的摆放位置,使振荡光通过其最佳衍射位置和俯仰角度,使连续 457nm 输出激光功率和未放置声光 Q 装置前几乎相等,再开展脉冲457nm激光输出实验。为了获取最高峰值功率的脉冲457nm激光,通过设定重复频率为5kHz、10kHz、15kHz和20kHz,测量脉冲457nm激光的输出平均功率和脉冲宽度。结果表明,重复频率在5kHz和20kHz时,脉冲457nm激光输出性能较差。其原因是对于该激光器,重频过高或过低都不利于上能级反转粒子数有效地转换成振荡光输出。

图5.15和图5.16展示了重复频率为10kHz和15kHz时,457nm输出平均功率和脉冲宽度随注入泵浦功率的变化。由图5.15和图5.16可以看出,平均功率随注入泵浦功率的增加保持增长,而脉冲宽度随注入泵浦功率的增加逐渐减小:当重复频率为10kHz、注入泵浦功率在41W时,获得最大平均功率为600mW的脉冲457nm激光输出,此时输出激光的脉冲宽度是50ns,对应的峰值功率为1.2kW;当重复频率在15kHz、注入泵浦功率在41W时,获得最大平均功率为661mW的脉冲457nm激光输出,此时输出激光的脉冲宽度为62ns,对应的峰值功率为710W。

结果表明,重复频率设置为10kHz时,可使脉冲457nm获得最高峰值功率。图5.17是在重复频率为10kHz、457nm激光在最大输出平均功率为600mW时的光斑和光束质量。可以看出,激光光斑为TEM_{00}模;但光斑形状略成椭圆,这是由于V形腔折叠镜存在一定角度的夹角,产生的像散对光束的影响。通过对不同位置的光束半径数值进行二项式拟合,得到X和Y方向的M^2因子大约是1.15和1.31。

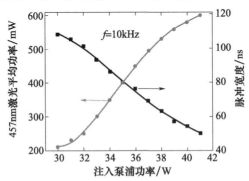

图5.15 重复频率为10kHz时,457nm脉冲激光的平均功率和脉冲宽度随注入泵浦功率的变化

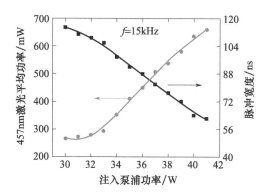

图 5.16　重复频率为 15kHz 时,457nm 脉冲激光的平均功率和脉冲宽度随注入泵浦功率的变化

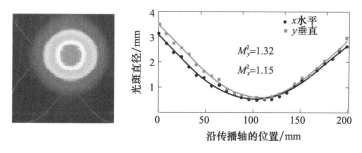

图 5.17　重复频率为 10kHz 时,457nm 脉冲激光在最大平均功率为 600mW 时的光斑和光束质量(见彩图)

5.2.4　228nm 深紫外脉冲激光输出

由上述 457nm 脉冲激光实验得到:在泵浦光斑半径约为 200μm、L_1 和 L_2 约为 83mm 和 31mm、重复频率为 10kHz 时,获得最高峰值功率的 457nm 脉冲激光输出。采用该 457nm 脉冲激光作为光源,通过 BBO 晶体倍频产生 228nm 脉冲激光。对于上述获得连续 228nm 的聚焦镜 M_3 和 BBO 晶体的摆放位置,由于 457nm 脉冲激光输出的光束质量与 457nm 存在差别,因此需要适当调整聚焦镜 M_3 和 BBO 晶体的摆放位置,使 457nm 脉冲激光经过聚焦镜 M_3 后,确保其瑞利长度和 BBO 晶体长度相匹配,以提高倍频效率。最终,得到最高平均输出为 35mW、

脉冲宽度为 36ns(激光直接入射到探测器测量)的 228nm 脉冲激光输出。图 5.18 是紫外激光光谱。228nm 脉冲激光的输出平均功率随着 457nm 脉冲激光注入功率的增加呈递增趋势,变化关系如图 5.19 所示。图 5.20 是 228nm 脉冲激光输出最高平均功率时的激光光斑图。

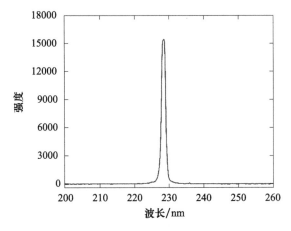

图 5.18 紫外激光光谱图

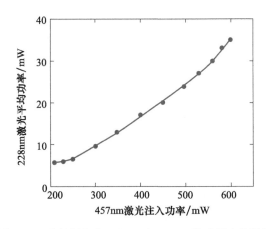

图 5.19 重复频率为 10kHz 时,228nm 脉冲激光的平均输出功率随 457nm 脉冲激光注入功率的变化关系

图 5.20 228nm 脉冲激光输出最高平均功率时的激光光斑(见彩图)

在 228nm 脉冲激光最大输出平均功率为 35mW 时,测量激光输出功率的稳定性,如图 5.21 所示,得到 2h 内激光输出稳定度在 2%。

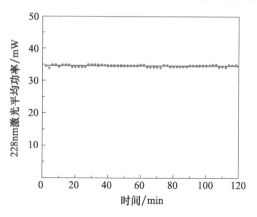

图 5.21 228nm 脉冲激光输出功率的稳定性

5.3 228nm 脉冲激光灭活细菌实验

5.3.1 远紫外线灭活细菌的原理及应用优势

1903 年,Niels Finsen 因发现紫外线可以杀死细菌而荣获诺贝尔奖[2],此后一个多世纪里,紫外线作为一种消毒方法,大受欢迎,并广泛用于消毒物品、病房和其他公共场所等。在持续的新型冠状病毒大流行下,世界各国急需可在空气中灭活病毒的新方法。光杀菌消毒的方式主要有光化和光热作用两种。

(1) 光化作用:细菌的遗传信息核酸(DNA/RNA),被紫外光照射时大量吸收紫外光,从而在体内形成一部分间二氮杂苯和间二氮杂苯的异构体,如图 5.22 所示。这种物质会使细菌自身的新陈代谢机能出现障碍,使细菌不能再繁殖,直至死亡[3]。上述光化作用是传统紫外线的主要消毒机理。但对于霉菌类、芽孢类微生物,由于紫外线很难穿透致密的细胞壁结构,DNA 物质无法吸收紫外线,因而对于该类微生物的消杀效率较低。

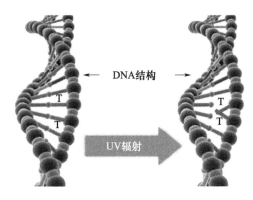

图 5.22　紫外光照射的双链 DNA 胸腺嘧啶二聚化示意图(见彩图)

(2) 光热作用:脉冲光照射可使细胞的表面温度迅速升高,从而破坏细菌的细胞壁,使细胞液蒸发,彻底破坏细胞结构,导致死亡。光热作用是光能量被物质吸收后产生温升。当微生物近距离内接受脉冲强光照射,由于短时间内吸收了大量的光能量,微生物表面温度急剧升高,表面结构会遭到彻底破坏而死亡。由于整个光热作用过程非常短,被照射物体内部不会产生温升,因此基本上不会对营养物质产生影响。根据光热消毒机理,脉冲强光对所有微生物都可以非常有效地杀灭。

脉冲紫外光结合光化和光热作用两种方式进行灭菌消毒,因此,理论上其消杀效率会比单一方式要高。

传统杀菌紫外线光源是汞蒸气灯。然而,汞蒸气灯发射紫外线的峰值波长为254nm,对人体细胞和组织有害,重则导致皮肤癌[4]和白内障[5]。近十年来的研究表明,200~230nm波段紫外线可以灭活细菌、空气中的流感病毒,包括 SARS-CoV-2 等病原体,而不损害人体细胞[6-9]。国际上把200~230nm波段深紫外光命名为"远紫外线"。2022年,中国冬季奥运会广泛使用远紫外线进行杀菌消毒,并称之为"光疫苗"。与杀菌用典型254nm紫外线相比,远紫外线对人体细胞无害的生物物理原理是蛋白质对该波段存在吸收峰[10]。本实验采用分光光度计测量蛋白质吸收光谱,如图5.23所示。由图5.23可看出,蛋白质对典型254nm波段光吸收很低,而对200~230nm波段光有较大吸收。远紫外线可以穿过比人体细胞小得多的微生物(细菌和病毒的典型直径为1μm和0.1μm)[11],而典型人体细胞的直径范围为10~25μm,远紫外线被人体细胞质中的蛋白质强烈吸收,并且在到达人体细胞核之前急剧减弱[6]。例如,对于人体皮肤,其最外层是角质层,由已死亡的无核角质细胞组成。角质层的主要作用是保护其皮下组织。大多数辐照的远紫外线被皮肤角质层胞质中的蛋白质吸收,无法穿透皮肤角质层到达下面的关键基底细胞或黑素细胞[12],如图5.24所示。对于人的眼睛,其对紫外线敏感的组织是晶状体。但是晶状体位于角膜的后端,角膜厚度约为500μm[13],因此,远紫外线通过角膜到达晶状体的穿透率基本上为零[14]。

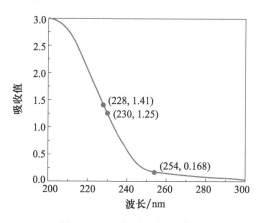

图 5.23 蛋白质吸收光谱图

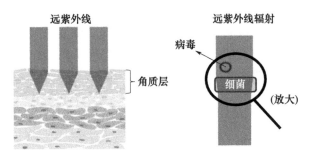

图 5.24 远紫外线在皮肤和病原体中的传播示意图

5.3.2 228nm 脉冲激光灭活细菌实验

1. 细菌制备

大肠杆菌广泛地存在于自然界中,在人类公共卫生中是重点防御的一类病原,是肠杆菌群中抗药性最强的物种之一,常用于紫外线杀毒和环境卫生的研究;芽孢杆菌与人类关系密切的方面是引起食物中毒,由于其孢子的耐热性和耐酸性,不能通过巴氏杀菌或正常的卫生程序消除。因此,本实验使用的菌种为大肠杆菌(Escherichia Coli)和芽孢杆菌(Bacillus Cereus)。大肠杆菌和芽孢杆菌分别是由海南师范大学热带岛屿生态学教育部重点实验室提供的大肠埃希氏菌[Escherichia coli CMCC(B) 44102]和海南师范大学环境微生物生态研究室的苏云金芽孢杆菌库斯塔克亚种 HD-1。大肠杆菌和芽孢杆菌在营养琼脂培养基中培养,放置在 35℃ 和 5% CO_2 的培养箱中,培养周期为 24h。营养琼脂培养基由广东环凯微生物科技有限公司提供,其成分含有蛋白胨、牛肉膏粉、氯化钠、琼脂,最终 pH≈7.3。

将培养好的细菌,通过制片进行观察。以大肠杆菌为例,其制片步骤,如图 5.25 所示,观察结果如图 5.26 所示。

① 取片:载玻片存放在酒精溶液中,取出后用热风机进行烘干。

② 无菌水滴:超净工作台下,在玻片上滴一滴无菌水,不宜过大,用于稀释细菌。

③ 取样:用消毒过的牙签平口端轻轻蘸取菌落上的细菌;牙签不可重复使用。

④搅拌:将细菌顺时针搅动,使得细菌充分均匀分布在水滴中。

⑤烘烤:将处理好的载玻片进行烘干,使得细菌固定在载玻片上。

⑥染色:用考马斯亮蓝试剂(有毒性,需戴手套操作)滴在载玻片上,使液滴刚好覆盖菌斑,静置15s以上。

⑦冲洗:用缓水流把多余的考马斯亮蓝试剂冲掉,注意不要直接冲洗菌斑,避免将菌斑冲走。

⑧观察:将载玻片放置在显微镜载物台上,在菌斑上滴一滴油,然后使用油镜镜头进行观察。

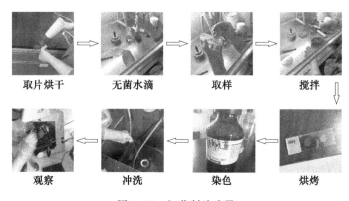

图 5.25　细菌制片步骤

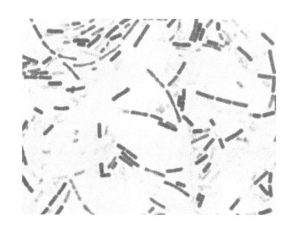

图 5.26　用显微镜观察的芽孢杆菌图像

2. 灭活细菌的效果

辐照源采用本工作研制的 228nm 全固态脉冲远紫外激光器,其光谱线宽小于 0.1nm。整个实验操作过程在超净室中进行,使用高灭菌锅对实验用工具进行灭菌,实验前对工作台进行 1h 的紫外线照射,避免环境中的细菌污染。比色皿在放入细菌悬浮液后进行封口,以避免悬浮液直接与外界空气接触。在整个实验过程中,细菌处于营养体液中,避免自然死亡带来的实验误差。取一定浓度的 1ml 大肠杆菌和芽孢杆菌悬浮液样品放入高透短波紫外波段的比色皿中。开启激光器,通过调节激光输出功率和比色皿的放置位置,得到照射在比色皿的 228nm 激光辐照度为 $0.1mW/cm^2$。使用 $0.1mW/cm^2$ 的 228nm 激光分别以不同的辐照时间对大肠杆菌和芽孢杆菌悬浮液样品进行照射。图 5.27(a) 为 228nm 激光垂直穿过大肠杆菌悬浮液。将对照样品和辐照样品再培养 24h,得到无辐照和辐照细菌分布如图 5.27(b)、(c) 所示。采用营养琼脂平板计数法测定对照组和辐照后的大肠杆菌细菌计数,为提高实验结果数据的准确度,在相同的辐照剂量下,每个样品实验重复 3 次,取平均值。

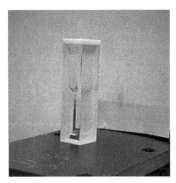
(a) 照射中的大肠杆菌悬浮液

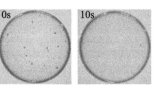
(b) 辐照 0s、10s、20s 后的大肠杆菌分布

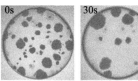
(c) 辐照 0s、30s、60s 后的芽孢杆菌分布

图 5.27 228nm 脉冲激光杀菌实验

检测结果如表 5.1 所列。228nm 激光对大肠杆菌悬浮液照射 10s ($1mJ/cm^2$) 时,灭活率为 90.7%;照射 15s($1.5mJ/cm^2$) 时,灭活率为 96.9%;照射 20s($2mJ/cm^2$) 时,灭活率高达 100%。228nm 激光对芽孢

杆菌悬浮液照射照射 30s($3mJ/cm^2$)时,灭活率为 88.4%;照射 45s ($4.5mJ/cm^2$)时,灭活率高达 98.6%;照射 60s($6mJ/cm^2$)时,灭活率高达 100%。

表 5.1　228nm 脉冲激光灭活大肠杆菌和芽孢杆菌的效果

实验菌株	辐照时间/s	228nm 剂量 /(mJ/cm^2)	平均细菌数 /(cfu/ml)	灭活率
大肠杆菌	0	0	382	—
	5	0.5	60	84.3%
	10	1	36	90.7%
	15	1.5	12	96.9%
	20	2	0	100%
芽孢杆菌	0	0	284	—
	15	1.5	114	50.9%
	30	3	33	88.4%
	45	4.5	4	98.6%
	60	6	0	100%

本实验研究表明,分别使用 $2mJ/cm^2$ 和 $6mJ/cm^2$ 剂量远紫外 228nm 脉冲激光照射,可有效灭活大肠杆菌和芽孢杆菌。从本实验和其他文献报道结果可知,紫外线灭活芽孢杆菌所需辐照剂量比大肠杆菌大,其原因是采用紫外线灭活细菌病毒,所需辐照剂量主要和微生物的尺寸、细胞膜(壁)厚度和核酸结构(单链或双链)等因素有关,通常情况下,微生物尺寸越大,细胞膜越厚,所需辐照剂量越多;双链结构微生物修复能力比单链结构强,所需辐照剂量也较多;芽孢杆菌和大肠杆菌都是双链结构,但是芽孢杆菌的尺寸和细胞壁厚度分别为(1.0~1.2)nm×(3.0~5.0)nm 和 20~80nm,大肠杆菌的尺寸和细胞壁厚度仅为(0.5~0.8)nm×(1.0~3.0)nm 和 11nm,因此,灭活芽孢杆菌所需紫外线辐照剂量比大肠杆菌大。

5.4 小结

本章首先从泵浦光斑半径和谐振腔腔长进行实验优化连续激光器,提高激光器输出功率和光束质量,得到41W泵浦功率下功率为6mW的228nm连续激光输出,光斑形状呈椭圆形,2h内激光稳定度为2.2%。然后,在连续波激光器基础上,进行声光调Q脉冲激光器研究。为了获取最高峰值功率的脉冲457nm激光提高四倍频率效率,通过设定重复频率为5kHz、10kHz、15kHz和20kHz,测量脉冲457nm激光的输出平均功率和脉冲宽度。结果表明,重复频率在5kHz和20kHz时,脉冲457nm激光输出性能较差,其原因是重频较低或较高都不利于该谐振腔建立脉冲激光。最终,重复频率在10kHz、注入功率在41W时,获得最高平均输出为35mW和脉冲宽度为36ns的228nm脉冲激光输出,光斑形状呈椭圆形,2h内激光稳定度为2%。另外,本研究还在M和M_2镜的曲率半径分别为100mm和200mm时开展了实验研究,但因其谐振腔长度较长,导致输出457nm激光脉冲较宽,所以获得脉冲228nm激光性能比M和M_2镜曲率半径分别为50mm和200mm的激光器低。基于采用不同腔镜曲率半径的实验方法相同,因此本章对腔镜M和M_2的曲率半径取100mm和200mm的实验过程就不再详解介绍。最后,采用228nm脉冲激光开展了灭活细菌实验研究,取得了良好的效果。

参考文献

[1] BOYD G D, KLEINMAN D A. Parametric interaction of focused Gaussian light beams[J]. Journal of Applied Physics, 1968, 39(8): 3597 – 3639.

[2] CURSED A. Niels Finsen (1860 – 1904): gift of light[J]. Singapore Med J, 2011, 52(11): 777.

[3] BUDOWSKY E I, BRESLER S E, FRIEDMAN E A, et al. Principles of selective inactivation of viral genome[J]. Archives of Virology, 1981, 68(3): 239 – 247.

[4] PFEIFER G P, BESARATINIA A. UV wavelength – dependent DNA damage and human non – melanoma and melanoma skin cancer[J]. Photochemical & Photobiological Sciences, 2012, 11

(1):90-97.
[5] SÖDERBERG P G. Acute cataract in the rat after exposure to radiation in the 300nm wavelength region A study of the macro-, micro- and ultrastructure[J]. Acta Ophthalmolologica,1988,66(2):141-152.
[6] SOSNIN E A,STOFFELS E,EROFEEV M V,et al. The effects of UV irradiation and gas plasma treatment on living mammalian cells and bacteria: a comparative approach[J]. IEEE Transactions on Plasma Science,2004,32(4):1544-1550.
[7] BUONANNO M,RANDERS-PEHRSON G,BIGELOW A W,et al. 207-nm UV light-a promising tool for safe low-cost reduction of surgical site infections. I: in vitro studies[J]. PloS One,2013,8(10):e76968.
[8] WELCH D,BUONANNO M,GRILJ V,et al. Far-UVC light: a new tool to control the spread of airborne-mediated microbial diseases[J]. Scientific Reports,2018,8(1):1-7.
[9] BUONANNO M,WELCH D,SHURYAK I,et al. Far-UVC light (222nm) efficiently and safely inactivates airborne human coronaviruses[J]. Scientific Reports,2020,10(1):1-8.
[10] HESSLING M,HAAG R,SIEBER N,et al. The impact of far-UVC radiation (200~230nm) on pathogens,cells,skin,and eyes-a collection and analysis of a hundred years of data[J]. GMS Hygiene and Infection Control,2021,16.
[11] METZLER D E. Biochemistry (2 Volume set): the Chemical Reactions of Living Cells[M]. 2nd. San Diego:Academic Press,2001.
[12] PFEIFER G P,BESARATINIA A. UV wavelength-dependent DNA damage and human non-melanoma and melanoma skin cancer[J]. Photochemical & Photobiological Sciences,2012,11(1):90-97.
[13] DOUGHTY M J,ZAMAN M L. Human corneal thickness and its impact on intraocular pressure measures: a review and meta-analysis approach[J]. Survey of Ophthalmology,2000,44(5):367-408.
[14] KOLOZSVÁRI L,NÓGRÁDI A,HOPP B,et al. UV absorbance of the human cornea in the 240- to 400-nm range[J]. Investigative Ophthalmology & Visual Science,2002,43(7):2165-2168.

第6章 结论与展望

6.1 本书的主要工作

本书以高效率、结构紧凑的 228nm 固体激光器为目标,开展了 LD 端面泵浦 Nd:YVO$_4$ 晶体、声光调 Q、V 形谐振腔及 LBO/BBO 晶体倍频技术的研究。本书的主要研究结果如下:

(1)通过分析对比了激光晶体(Nd:YVO$_4$ 和 Nd:GdVO$_4$)、谐振腔(直腔、V 腔、Z 腔、环形腔)、调 Q 技术(声光、电光、被动)和非线性倍频晶体(BiBO、LBO、BBO、KBBF、RBBF、CLBO)的特性,提出了本工作的技术路线:采用 LD 端面泵浦 Nd:YVO$_4$ 和声光调 Q 技术实现 914nm 激光脉冲运转,V 形激光谐振腔和 LBO 倍频晶体对其进行腔内二倍频获得 457nm 激光输出,再利用 BBO 晶体和透镜聚焦方式对 457nm 激光进行腔外倍频,实现深紫外 228nm 激光输出。

(2)研究 Nd:YVO$_4$ 准三能级系统的再吸收效应:当泵浦光与振荡光光斑尺寸比 a 固定时,随着再吸收效应增大,914nm 激光阈值功率随之增大,输出斜效率随之减小;在泵浦功率固定时,存在尺寸比 a 的最佳值,能有效抑制再吸收效应的影响。拟采用长度为 5mm 和掺杂浓度为 0.1% Nd:YVO$_4$ 晶体作为激光增益介质。建立全固态激光器模型和实验结果对比分析:温度折射率差引起的热效应占主导地位;所建模型和计算方法科学准确,可用于后续计算 Nd:YVO$_4$ 晶体的热透镜焦距。

(3)理论分析了影响输出激光脉冲宽度的因素:适当缩短谐振腔腔长和泵浦光与振荡光模式匹配,有利于减小激光输出脉冲宽度。通过计算分析了声光调 Q 914nm Nd:YVO$_4$ 激光器的上下能级粒子数、脉冲宽度和单脉冲能量与泵浦功率和重复频率的关系:当重复频率固定时,随着泵浦功率增加,上能级粒子数先增加后减小,下能级粒子数随之增加,激光脉冲宽度随之减小,单脉冲能量随之增大;当泵浦功率固定时,随着重复频率增加,上能级粒子数随之减小,下能级粒子数随之增加,则激光脉冲宽度随之增大,单脉冲能量随之减小。利用热透镜效应对光束质量自洽控制技术设计谐振腔参数,并对腔内激光参量进行了详细的分析,得到:在 M 镜和 M_2 镜的曲率半径分别取 50mm、200mm 和 100mm、200mm 时,初步设计 L_1 和 L_2 的取值分别为 80mm、30mm 和 140mm、70mm;腔内不同位置的光斑大小对 L_1 长度变化不敏感,但是对 L_2 长度变化很敏感。

(4) 研究了非线性倍频产生理论,根据色散方程和有效非线性系数表达式,得到用于产生 457nm LBO 倍频晶体的最佳 I 类相位匹配角是 $(90°,21.7°)$,相应的有效非线性系数 $d_{eff} = 0.79$pm/V,最佳 II 类相位匹配角是 $(42.7°,90°)$,$d_{eff} = 0.49$pm/V;用于产生 228nm BBO 倍频晶体的最佳 I 类相位匹配角为 $(61.4°,0°)$,有效非线性系数为 $d_{eff} = 1.19$pm/V。另外,拟用增益介质为 Nd:YVO_4 晶体,其产生的激光具有偏振特性,因此,采用 I 类相位 LBO/BBO 倍频晶体。

(5) 搭建了实验系统,先后完成了连续 457nm 激光、连续 228nm 激光、脉冲 457nm 激光和脉冲 228nm 激光器的输出功率和光束质量优化实验。最终在泵浦光斑半径取约为 200μm、激光谐振腔分臂 L_1 和 L_2 分别为 83mm 和 31mm,在泵浦功率 41W 时,获得光束质量 M_x^2 和 M_y^2 分别为 1.2 和 1.13、输出功率为 2.6W 的 457nm 连续激光输出;输出功率为 2.6W 的 457nm 激光,通过腔外透镜聚焦和 BBO 晶体倍频,获得输出功率为 6 mW 的连续 228nm 激光,输出光斑形状呈椭圆形,2h 内激光稳定度为 2.2%。在上述连续 457nm 激光器基础上,当重复声光 Q 调频设置为 10kHz,注入功率为 41W 时,获得光束质量 M_x^2 和 M_y^2 分别为 1.32 和 1.15、最大平均功率为 600mW 的脉冲 457nm 激光输出,此时输出激光的脉冲宽度是 50ns,对应的峰值功率为 1.2kW。最终,最大平均功率为 600mW、脉冲宽度为 50ns 的 457nm 脉冲激光源,通过腔外透镜聚焦进入 BBO 晶体倍频,得到最高平均输出功率为 35mW、脉冲宽度为 36 ns 的 228nm 脉冲激光输出,光斑形状呈椭圆形,2h 内激光稳定度为 2%。另外,开展了 228nm 脉冲激光灭活大肠杆菌和芽孢杆菌实验,具有良好的效果。

6.2　本书的创新点

（1）提出采用 LD 端面泵浦 Nd:YVO$_4$ 准三能级系统 914nm 激光、V 形谐振腔和 LBO 晶体腔内二倍频，再采用透镜聚焦和 BBO 晶体腔外四倍频，产生 228nm 激光的技术方案。在 LD 泵浦功率为 41W 时，获得输出功率为 6 mW 的连续 228nm 激光，输出光斑形状呈椭圆形，2h 内激光稳定度为 2.2%。这是首次报道连续 228nm 固体激光器。

（2）基于声光调 Q 技术，提高 914nm 激光级联倍频产生 228nm 激光的效率。当重频设置为 10kHz、LD 泵浦功率为 41W 时，得到最高平均功率为 35mW、脉宽为 36ns 的 228nm 脉冲激光输出，光斑形状呈椭圆形，2h 内激光功率稳定度为 2%。这是在声光调 Q 技术下，获得脉宽最窄和平均功率最高的 228nm 固体激光器。

6.3　工作展望

本书开展了深紫外 228nm 固体激光器技术研究，在对激光器的研制过程中，尚存在一些不足之处：

（1）228nm 激光输出性能有待提高。228nm 激光的产生受基频光的功率、光束质量和线宽等因素的影响，在后续的研究中，我们将尝试结合单频技术，因其输出的线宽较窄，有利于提高倍频效率，进而提高 228nm 激光的输出功率。

（2）本工作仅实现了原理样机。为方便使用，我们将在以后的工作中更加努力，研制 228nm 固体激光器工程样机。

（3）进一步开展 228nm 激光器在光刻和拉曼光谱检测等方面的应用研究工作。

图表索引

1. 图索引

图 1.1　纵向泵浦和横向泵浦的棒状激光器结构示意图 ………… 12
图 1.2　薄片激光器结构示意图 ……………………………… 13
图 1.3　板条激光器结构示意图 ……………………………… 14
图 1.4　光纤激光器结构示意图 ……………………………… 15
图 1.5　Nd:YVO$_4$ 晶体的能级结构简图 ………………………… 16
图 1.6　LD 端面泵浦直腔腔内倍频结构 ……………………… 20
图 1.7　LD 端面泵浦 V 形腔腔内倍频结构 …………………… 20
图 1.8　LD 端面泵浦 Z 形腔腔内倍频结构 …………………… 20
图 1.9　电光调 Q 激光器结构 ………………………………… 21
图 1.10　普克尔盒结构 ………………………………………… 21
图 1.11　声光调 Q 激光器结构 ………………………………… 24
图 1.12　典型的声光调制器的结构和工作原理 ………………… 24
图 1.13　被动式调 Q 激光器 …………………………………… 25
图 1.14　二阶非线性光学效应 ………………………………… 27
图 1.15　实现深紫外 228nm 激光的固体激光器的
　　　　基本结构示意图 …………………………………… 32
图 2.1　B 取不同值时，914nm 阈值功率随 a 的变化关系 ………… 49
图 2.2　在固定的 a 值和不同的 B 值下，914nm 激光外部
　　　　斜效率和泵浦功率的变化关系 ……………………… 51
图 2.3　在固定的 B 值和不同的 a 值下，914nm 激光外部
　　　　斜效率和泵浦功率的变化关系 ……………………… 52

图 2.4	不同输出镜透过率下,激光晶体长度与激光器阈值的关系 ┈┈┈┈┈┈┈┈┈┈┈┈	53
图 2.5	不同泵浦功率下,激光晶体长度与输出功率的关系 ┈┈┈	53
图 2.6	基模高斯光束传输特性 ┈┈┈┈┈┈┈┈┈┈┈┈	55
图 2.7	LD 输出光斑 ┈┈┈┈┈┈┈┈┈┈┈┈┈┈┈┈	58
图 2.8	径向方向 LD 输出光光强度分布 ┈┈┈┈┈┈┈	58
图 2.9	LD 输出光与不同模式高斯光强度分布对比 ┈┈┈┈┈	59
图 2.10	LD 泵浦功率为 40 W 时 $Nd:YVO_4$ 晶体的热功率分布 ┈┈┈┈┈┈┈┈┈┈┈┈┈	60
图 2.11	LD 端面泵浦 $Nd:YVO_4$ 激光器结构简图 ┈┈┈┈┈	61
图 2.12	LD 泵浦功率为 40 W 时 $Nd:YVO_4$ 晶体端面温度分布 ┈┈┈┈┈┈┈┈┈┈┈┈┈	63
图 2.13	LD 泵浦功率为 40 W 时 $Nd:YVO_4$ 晶体内部温度分布 ┈┈┈┈┈┈┈┈┈┈┈┈┈	63
图 2.14	等效热透镜的相位变化图 ┈┈┈┈┈┈┈┈┈┈┈┈	65
图 2.15	温度梯度折射率变化产生的等效热焦距 ┈┈┈┈┈┈	66
图 2.16	应力双折射引起的等效热焦距 ┈┈┈┈┈┈┈┈┈┈	67
图 2.17	研究端面形变用模型 ┈┈┈┈┈┈┈┈┈┈┈┈┈	68
图 2.18	端面形变引起的等效热焦距 ┈┈┈┈┈┈┈┈┈┈	69
图 2.19	实验测量热透镜焦距装置图 ┈┈┈┈┈┈┈┈┈┈	71
图 2.20	三种等效热透镜焦距的理论计算与实验测量比较 ┈┈┈	71
图 3.1	脉冲宽度 Δt 与 $\Delta n_u / \Delta n_d$ 的变化关系 ┈┈┈┈┈┈	76
图 3.2	Δn_u 和 Δn_d 与泵浦光功率 P_p 的变化关系 ┈┈┈┈┈	78
图 3.3	E_o 和 $\Delta \tau_p$ 与泵浦光功率 P_p 的变化关系 ┈┈┈┈┈	78
图 3.4	Δn_u 和 Δn_d 随频率 f 的变化关系 ┈┈┈┈┈┈┈	79
图 3.5	E_o 和 $\Delta \tau_p$ 与重复频率 f 的变化关系 ┈┈┈┈┈┈	79
图 3.6	三镜折叠 V 形腔的等价直腔结构 ┈┈┈┈┈┈┈┈	82
图 3.7	$Nd:YVO_4$ 热透镜焦距与泵浦光功率的关系 ┈┈┈┈┈	86
图 3.8	腔内不同位置处的振荡光光斑半径 ┈┈┈┈┈┈┈┈	87
图 3.9	M_1、M_2 镜曲率半径为 100mm、200mm,分臂 L_1 和 L_2 长度的变化对谐振腔内光斑尺寸的影响 ┈┈┈┈┈	87

图表索引

图 3.10 M₁、M₂ 镜曲率半径为 50mm、200mm，分臂 L₁ 和 L₂ 长度的变化对谐振腔内光斑尺寸的影响 …… 88
图 4.1 洛伦兹模型简图 …… 93
图 4.2 电磁场的空间关系图 …… 96
图 4.3 单轴晶体的折射率椭球 …… 97
图 4.4 o 光和 e 光的 D、E 和 k、s 的方向 …… 98
图 4.5 方解石双折射现象示意图 …… 98
图 4.6 电子势阱抛物线函数 …… 99
图 4.7 BBO 晶体，入射光为 o 光，倍频产生 e 光 …… 103
图 4.8 光在倍频晶体中传输产生的相位差和 sinc 函数因子关系 …… 107
图 4.9 单轴晶体折射率椭球 …… 109
图 4.10 双轴晶体的折射率椭球 …… 109
图 4.11 负单轴晶体的折射率球面 …… 110
图 4.12 双轴晶体的折射率曲面 …… 114
图 4.13 LBO I 类匹配 $\theta-\varphi$ 曲线图 …… 115
图 4.14 LBO II 类匹配 $\theta-\varphi$ 曲线图 …… 116
图 4.15 快光、慢光偏振方向示意图 …… 118
图 4.16 在基频波长为 914nm 时，I 类匹配 LBO 倍频晶体的有效非线性系数曲线 …… 120
图 4.17 在基频波长为 914nm 时，II 类匹配 LBO 倍频晶体的有效非线性系数曲线 …… 121
图 4.18 BBO 晶体 SHG 角度调谐相位匹配曲线 …… 122
图 4.19 BBO 晶体的有效非线性系数 …… 122
图 5.1 228nm 深紫外激光器实验装置 …… 126
图 5.2 OceanHR4000CG-UV-NIR 光谱仪实物图 …… 127
图 5.3 示波器和光电探测器实物图 …… 127
图 5.4 激光功率计 …… 128
图 5.5 光束质量分析仪 …… 129
图 5.6 光束质量分析测试系统 …… 130

图 5.7　不同泵浦光斑大小下,457nm 连续激光输出功率与
　　　　注入泵浦功率的关系 …………………………………………… 131
图 5.8　在不同分臂长下,457nm 连续激光输出功率与
　　　　注入泵浦功率的关系 …………………………………………… 132
图 5.9　457nm 连续激光输出最高功率时光束质量和光斑图 ………… 133
图 5.10　激光光谱图 ……………………………………………………… 134
图 5.11　激光在白纸上激发的光斑效果图 ……………………………… 134
图 5.12　228nm 连续激光输出功率随注入 457nm
　　　　　激光功率的关系 ………………………………………………… 134
图 5.13　228nm 连续激光输出最高功率时的光斑图 ………………… 135
图 5.14　228nm 连续激光输出最高功率时的稳定性测试 …………… 135
图 5.15　重复频率为 10kHz 时,457nm 脉冲激光的平均功率和
　　　　　脉冲宽度随注入泵浦功率的变化 ……………………………… 136
图 5.16　重复频率为 15kHz 时,457nm 脉冲激光的平均功率和
　　　　　脉冲宽度随注入泵浦功率的变化 ……………………………… 137
图 5.17　重复频率为 10kHz 时,457nm 脉冲激光在最大平均功率
　　　　　为 600mW 时的光斑和光束质量 ……………………………… 137
图 5.18　紫外激光光谱图 ………………………………………………… 138
图 5.19　重复频率为 10kHz 时,228nm 脉冲激光的平均输出功率
　　　　　随 457nm 脉冲激光注入功率的变化关系 …………………… 138
图 5.20　228nm 脉冲激光输出最高平均功率时的激光光斑 ………… 139
图 5.21　228nm 脉冲激光输出功率的稳定性 ………………………… 139
图 5.22　紫外光照射的双链 DNA 胸腺嘧啶二聚化示意图 …………… 140
图 5.23　蛋白质吸收光谱图 ……………………………………………… 141
图 5.24　远紫外线在皮肤和病原体中的传播示意图 …………………… 142
图 5.25　细菌制片步骤 …………………………………………………… 143
图 5.26　用显微镜观察的芽孢杆菌图像 ………………………………… 143
图 5.27　228nm 脉冲激光杀菌实验 …………………………………… 144

2. 表索引

表 1.1 掺 Nd^{3+} 增益介质四能级系统的深紫外
固体激光器的研究进展 ⋯⋯⋯⋯⋯⋯⋯⋯⋯⋯⋯⋯ 7

表 1.2 掺 Nd^{3+} 增益介质准三能级系统的深紫外
固体激光器的研究进展 ⋯⋯⋯⋯⋯⋯⋯⋯⋯⋯⋯⋯ 9

表 1.3 掺 Yb^{3+} 增益介质的深紫外固体激光器的研究进展 ⋯⋯ 9

表 1.4 $Nd:YVO_4$ 晶体的物理特性 ⋯⋯⋯⋯⋯⋯⋯⋯⋯⋯⋯ 16

表 1.5 $Nd:YVO_4$ 和 $Nd:GdVO_4$ 晶体准三能级系统的
性能参数比较 ⋯⋯⋯⋯⋯⋯⋯⋯⋯⋯⋯⋯⋯⋯⋯⋯ 17

表 1.6 电光调 Q 器件的几种常用晶体的性能对比 ⋯⋯⋯⋯⋯ 23

表 1.7 可产生 457nm 与 228nm 激光的非线性
倍频晶体的特性 ⋯⋯⋯⋯⋯⋯⋯⋯⋯⋯⋯⋯⋯⋯⋯⋯ 31

表 2.1 $Nd:YVO_4$ 准三能级连续激光器模拟选取的主要参量 ⋯⋯ 49

表 2.2 $Nd:YVO_4$ 晶体的各项性能及建模用参数 ⋯⋯⋯⋯⋯⋯ 54

表 3.1 声光调 Q 914nm $Nd:YVO_4$ 激光器的主要参数 ⋯⋯⋯⋯ 77

表 4.1 晶体Ⅰ类和Ⅱ类相位匹配表 ⋯⋯⋯⋯⋯⋯⋯⋯⋯⋯⋯ 111

表 4.2 LBO 晶体的主要特性 ⋯⋯⋯⋯⋯⋯⋯⋯⋯⋯⋯⋯⋯ 111

表 4.3 BBO 晶体的主要特性 ⋯⋯⋯⋯⋯⋯⋯⋯⋯⋯⋯⋯⋯ 112

表 4.4 LBO 晶体折射率参数 ⋯⋯⋯⋯⋯⋯⋯⋯⋯⋯⋯⋯⋯ 113

表 5.1 228nm 脉冲激光灭活大肠杆菌和芽孢杆菌的效果 ⋯⋯⋯ 145

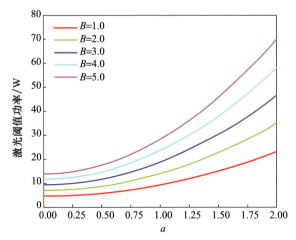

图 2.1 B 取不同值时,914nm 阈值功率随 a 的变化关系

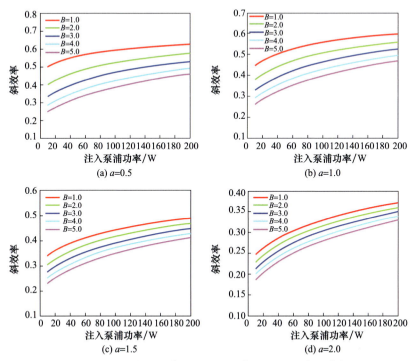

图 2.2 在固定的 a 值和不同的 B 值下,914nm 激光外部斜效率和泵浦功率的变化关系

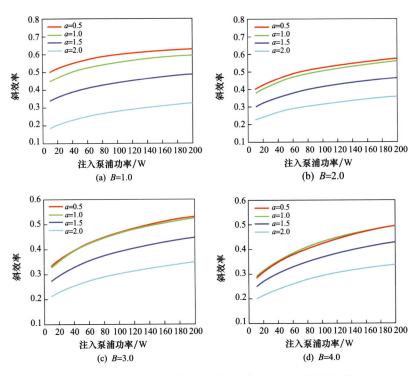

图 2.3　在固定的 B 值和不同的 a 值下，914nm 激光外部
斜效率和泵浦功率的变化关系

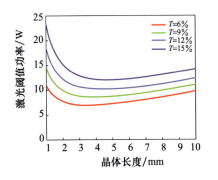

图 2.4　不同输出镜透过率下，
激光晶体长度与激光器阈值的关系

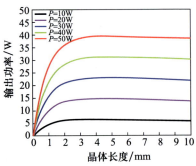

图 2.5　不同泵浦功率下，
激光晶体长度与输出功率的关系

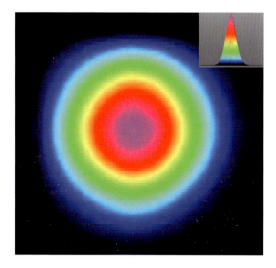

图 2.7 LD 输出光斑

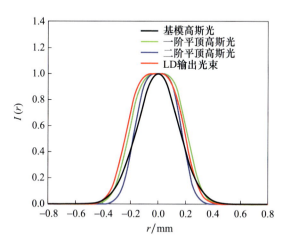

图 2.9 LD 输出光与不同模式高斯光强度分布对比

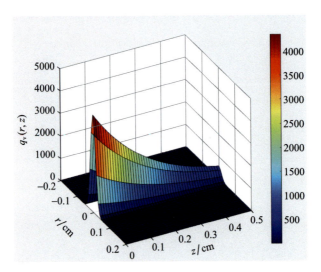

图 2.10　LD 泵浦功率为 40W 时 Nd:YVO$_4$ 晶体的热功率分布

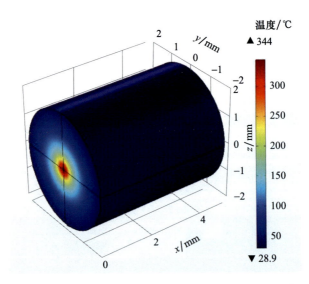

图 2.12　LD 泵浦功率为 40W 时 Nd:YVO$_4$ 晶体端面温度分布

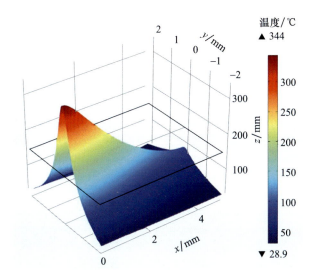

图 2.13　LD 泵浦功率为 40W 时 Nd:YVO$_4$ 晶体内部温度分布

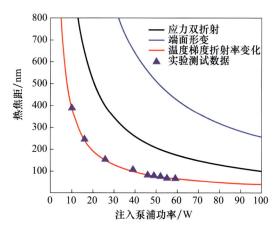

图 2.20　三种等效热透镜焦距的理论计算与实验测量比较

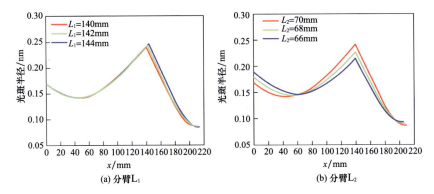

图 3.9 M、M_2 镜曲率半径为 100mm、200mm，
分臂 L_1 和 L_2 长度的变化对谐振腔内光斑尺寸的影响

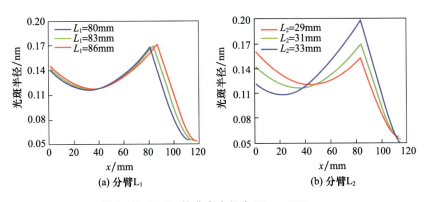

图 3.10 M、M_2 镜曲率半径为 50mm、200mm，
分臂 L_1 和 L_2 长度的变化对谐振腔内光斑尺寸的影响

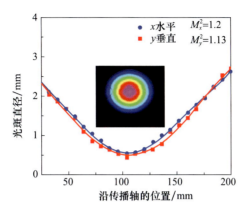

图 5.9 457nm 连续激光输出最高功率时光束质量和光斑图

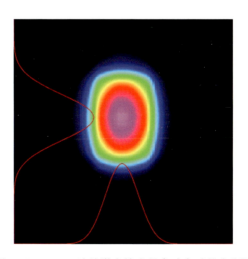

图 5.13 228nm 连续激光输出最高功率时的光斑图

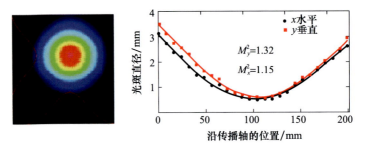

图 5.17　重复频率为 10kHz 时,457nm 脉冲激光在最大
平均功率为 600mW 时的光斑和光束质量

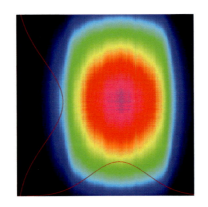

图 5.20　228nm 脉冲激光输出最高平均功率时的激光光斑

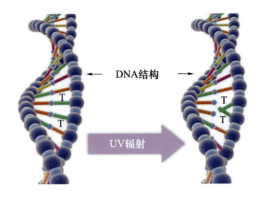

图 5.22　紫外光照射的双链 DNA 胸腺嘧啶二聚化示意图